Infektionen XXS pocket 2009

Autoren:

Prof. Dr. med. Herbert Hof — Institut für Medizinische Mikrobiologie und Hygiene
Universität Mannheim
Theodor-Kutzer-Ufer 1–3, 68167 Mannheim

Prof. Dr. med. Johannes Bogner — Infektionsabteilung, Medizinische Poliklinik
Pettenkoferstr. 8a, 80336 München

Dr. med. Andreas Ruß — Fachärztliche Internistische Praxis
Kirchplatz 1, 83734 Hausham

Lektorat: Dr. med. Sarah Konert
Herstellung: Anne Herhold, Natascha Choffat
Titelbild: Prof. Dr. med. Herbert Hof

Wichtiger Hinweis
Der Stand der medizinischen Wissenschaft ist durch Forschung und klinische Erfahrung ständig im Wandel. Autor und Verlag haben größte Mühe darauf verwandt, dass die Angaben in diesem Werk korrekt sind und dem derzeitigen Wissensstand entsprechen.
Für die Angaben kann von Autor und Verlag jedoch keine Gewähr übernommen werden.
Jeder Benutzer ist dazu aufgefordert, Angaben dieses Werkes gegebenenfalls zu überprüfen und in eigener Verantwortung am Patienten zu handeln.
Geschützte Warennamen (Warenzeichen) werden nicht besonders kenntlich gemacht.
Aus dem Fehlen eines solchen Hinweises kann also nicht geschlossen werden, dass es sich um einen freien Handelsnamen handelt.

Die Deutsche Bibliothek verzeichnet diese Publikation in der Deutschen Nationalbibliografie; detaillierte bibliografische Daten sind im Internet über <http://dnb.ddb.de> abrufbar.

Nördliche Münchner Str. 28, 82031 Grünwald, www.media4u.com

1. Auflage, Oktober 2008
ISBN 978-3-89862-516-6
Druck: AZ Druck und Datentechnik

Vorwort zur 1. Auflage

Das medizinische Fach Infektiologie ist unendlich weit: die Vielzahl von Erregern, darunter Viren, Bakterien, Pilze, Protozoen und Würmer, unterscheiden sich auf Grund ihrer genetischen Plastizität ganz erheblich in ihrer Epidemiologie, Pathogenese und Resistenz, z.B. gegen antimikrobielle Medikamente.

Auch die Krankheitserscheinungen sind sehr variabel. Die Verläufe von Infektionskrankheiten sind dabei abhängig von der Virulenz der Erreger und der körpereigenen Abwehrlage des Individuums.
Trotz vieler Fortschritte in der Ausrottung, Prävention, Diagnostik und Therapie von Infektionen spielen diese Erkrankungen nicht nur in den Ländern der 3. Welt, sondern auch in den Industrieländern eine große Rolle. Sie zählen zu den häufigsten Erkrankungen des Menschen überhaupt. Einige davon sind außerdem immer noch lebensgefährlich, zumindest wenn sie nicht rechtzeitig und richtig erkannt und behandelt werden.

Das **Infektionen XXS pocket 2009** fasst in kompakter Darstellung die praktisch wichtigen Aspekte von Ursachen, Diagnosen und Therapiemöglichkeiten relevanter Infektionskrankheiten bei Erwachsenen zusammen.
Mit dem **Infektionen XXS pocket 2009** wird somit dem Arzt in Klinik und Praxis ein Tool in die Hand gegeben um Infektionserkrankungen rechtzeitig und sicher zu erkennen und gezielt zu behandeln.

Autoren und Verleger

Grünwald, im September 2008

1 Infektionen

1.1 Nervensystem (ZNS, PNS)

1.1.1 Meningitis

Def	• seröse/eitrige Entzündung der Hirnhäute, oft begleitet von einer Radikulitis • Bakterien erzeugen fast immer eine Meningitis, nur selten eine Enzephalitis (→ S.9), z.B. Listeria monocytogenes • Viren erzeugen oft eine Enzephalitis, die häufig mit einer Meningitis kombiniert ist • ggf. Meldepflicht beachten (→ S.101)
Rf	• **Mumps, Varizella, Masern:** Kontakt mit Erkrankten, evtl. Epidemie (meistens blander Verlauf) • **Meningokokken:** Reisen in endemische Zonen (Sahelzone in Afrika, Mekka-Pilger), Epidemien • **Pneumokokken:** Otitis media (→ S.19), Pneumonie (→ S.24), Sepsis (→ S.45), Milzexstirpation, Alkoholismus • **Listeria:** Immunschwäche (Leukämie, Transplantation, Kortisontherapie), diverse Lebensmittel (Weichkäse, Salami, Lachs, Salat) • **Borrelia und FSME:** Zeckenbiss • **Brucella:** Rohmilchkäse (aus Mittelmeerländern) • **Rickettsien:** Zeckenbiss bei Aufenthalt in Mittelmeerländern • **Leptospira:** Baden im Baggersee • **Staphylococcus:** neurochirurgischer Eingriff, Mastoiditis, Sinusitis (→ S.18) • **Cryptococcus:** Kontakt mit Taubenkot, Abwehrschwäche (z.B. AIDS) • **Acanthamoeba, Naegleria:** Baden im Baggersee
Ko	bei lang anhaltenden und stark eitrigen Prozessen evtl. später Verklebung der Meningen und der Kanäle ⇒ Abflussstörung ⇒ dauerhafte Kopfschmerzen, Hydrozephalus
Err	• **Viren:** Varizella, Mumps, Masern, Enteroviren (z.B. Poliomyelitis), Herpes simplex-Virus (HSV), Frühsommer-Meningoenzephalitis-Virus (FSME) • **Bakterien:** Meningokokken, Pneumokokken, Streptococcus agalactiae (B-Streptokokken), HaemophilusHaemophilus influenzae, Listeria monocytogenes, Borrelia burgdorferi (sensu lato), Mycobacterium tuberculosis, Brucella melitensis, Rickettsia conori, Treponema pallidum, Leptospira ictero-haemorrhagiae, Mycoplasma pneumoniae, Escherichia coli (Kapselantigen K1), Staphylococcus aureus • **Pilze:** Cryptococcus neoformans • **Protozoen:** Acanthamoeba, Naegleria

Di	• **Klinische Zeichen:** Kopfschmerzen, Meningismus, Nackensteifigkeit, Fieber, Kernig-, Brudsinski-, Lasègue-Zeichen, Bragard'sches Zeichen • **Liquordiagnostik** (→ S.102) - **Mikroskopische Zellvermehrung** (Pleozytose): · **Granulozyten:** bei akuten bakteriellen Infektionen · **Monozyten:** bei Tuberkulose · **Lymphozyten:** bei viralen Infektionen - **Chemische Analyse:** Albumin ↑, bei bakteriellen Infektionen: Glucose ↓, Laktat ↑ - **Mikrobiologischer Erregernachweis:** · **Mikroskopisch:** Amöben → nativ, Protozoen → Giemsafärbung, Bakterien → Gramfärbung · **PCR:** HSV 1 + 2, Enteroviren, CMV, VZV, EBV, JC-Virus, HHV 6, Listeria, Mycobacterium, Toxoplasma · **Antigennachweis:** Cryptococcus, Meningokokken, Pneumokokken · **Immunologisch:** Antikörper gegen diverse Viren, Borrelia, Treponema · **Kulturell:** alle Bakterien (außer Treponema), manche Viren, Cryptococcus • **Blutuntersuchung** (→ S.104) - **Kulturell** - **Immunologisch:** · Antikörper gegen Viren (Varizella, Mumps, Masern, Enteroviren, HSV, FSME) und Bakterien (Borrelia, Brucella, Treponema, Leptospira, Mycoplasma); Antikörper können evtl. erst einige Tage nach dem Erkrankungsbeginn nachweisbar werden · für Diagnose einer ZNS-Infektion mit intrathekaler Antikörperproduktion: Quotient aus spezif. Liquor- u. Serumantikörpern (Antikörper-Indexwert > 1,5) - **Antigennachweis:** Cryptococcus • **Ggf. andere Proben** - **Urin:** Cryptococcus-Antigen, Pneumokokken-Antigen - **Sputum** (→ S.103): Kultur auf Mycobacterium, Mycoplasma, Pneumokokken, Meningokokken, Haemophilus - **Stuhl** (→ S.105): auf Enteroviren (Kultur, PCR)
Th	• **Kalkulierte Therapie** - Ceftriaxon (+ Gentamicin; **cave:** Nephrotoxizität, Ototoxizität) - ggf. zusätzlich Aciclovir bei Verdacht auf Herpes simplex bzw. Varizellen • **Gezielte Therapie** - **Pneumokokken, Treponema:** Penicillin - **Listeria:** Amoxicillin/Ampicillin + Gentamicin - **Mycobacterium:** siehe Pneumonie (→ S.24) - **Cryptococcus:** liposomales Amphotericin B + Fluconazol + 5-Fluorocytosin • **Kortikoide:** können die entzündliche Überreaktion bremsen und spätere Komplikationen reduzieren
Prä	• **Impfung** (→ S.108): gegen Mumps, Masern, FSME, Poliomyelitis, Pneumokokken, Haemophilus influenzae, Meningokokken der Serogruppe A + C + W135 • **Kontakt mit Patienten mit Meningokokkenmeningitis:** Antibotikaprophylaxe, z.B. mit Chinolonen (Einzeldosis), Doxycyclin oder Rifampicin

1.1.2 Enzephalitis

Def	• Infektion des Hirnparenchyms (eitrige, gelegentlich auch granulomatöse oder lymphozytäre Entzündung) • Einschmelzungen und Defekte sind möglich • Evtl. kombiniert mit Meningitis (→ S.7) oder anderen Organmanifestationen • DD: zentralnervöse Wirkungen von mikrobiellen Toxinen, postinfektiös, postvakzinal • Ggf. Meldepflicht beachten (→ S.101)
Rf	• **FSME:** Zeckenbiss • **Enteroviren:** Enteritis • **Toxoplasma, VZV, CMV:** Abwehrschwäche • **Rabies:** Tierbiss bzw. -speichel (Hund, Fuchs, Fledermaus) (→ S.54) • **Alpha-Viren:** blutsaugende Vektoren • **Japan B:** Aufenthalt in Ostasien • **Listeria:** Immunschwäche (Leukämie, Transplantation, Kortisontherapie), diverse Lebensmittel (Weichkäse, Salami, Lachs, Salat) • **Anaerobier:** Zahninfektionen, Splitterverletzungen • **Treponema, HIV:** Promiskuität, Sexualkontakte • **Staphylococcus:** neurochirurgische Eingriffe, Mastoiditis, Sinusitis • **Cryptococcus:** Taubenkontakt, Abwehrschwäche (z.B. AIDS) • **Histoplasma und Coccidioides:** Aufenthalt in Endemiegebieten
Err	• **Prionen** • **Viren:** Enteroviren, Herpes simplex, VZV, FSME, JC-Virus, CMV, Bunya, Rabies, Alpha-Viren, Japan B, Masern (→ SSPE = subakut sklerosierende Panenzephalitis durch persistierende defekte Mutanten) • **Bakterien:** Listeria monocytogenes, Treponema pallidum, Nocardien, Mycoplasma pneumoniae, Staphylococcus aureus, Anaerobier • **Pilze:** Cryptococcus, Histoplasma capsulatum, Coccidioides immitis, Encephalitozoon bieneusi, Aspergillus fumigatus • **Protozoen:** Toxoplasma gondii, Plasmodium falciparum, Trypanosoma, Acanthamoeba, Naegleria • **Würmer:** Taenia solium, Toxocara canis, Echinococcus
Di	• **Klinische Zeichen:** Kopfschmerzen, Reizbarkeit, Affektlabilität, Verwirrtheitszustände, Bewusstseinsstörungen, Koma, Lähmungen, Fieber • **MRT** (ist dem CT deutlich überlegen) • **EEG:** in 80% pathologische Befunde mit fronto-temporalen Herden oder Spitzenpotenzialen; bei Hirnstammenzephalitis: quasiperiodische steile Wellen oder Wellenkomplexe mit Intervallen von 1–2 sec • **Liquordiagnostik** (→ S.102): nicht immer positiv - Oft Nachweis einer entzündlichen Reaktion (Pleozytose, Eiweißvermehrung, intrathekale Immunglobulinproduktion) - Versuch eines Erregernachweises (Mikroskopie, Kultur, Antigen, PCR) • **Blutuntersuchung** (→ S.104): Versuch eines Erregernachweises (Kultur, Antigen, PCR, Antikörper)

Th
- **Kalkulierte Therapie** (bei bakterieller Infektion): Ceftriaxon + Metronidazol
- **Gezielte Therapie**
  - **Herpes-simplex-Viren:** Aciclovir
  - **Listeria:** Amoxicillin/Ampicillin + Aminoglykosid
  - **Treponema:** Penicillin G
  - **Mycoplasma:** Chinolon oder Makrolid
  - **Staphylokokken:** Linezolid
  - **Nocardien:** Carbapenem
  - **Cryptococcus:** Amphotericin B + Fluconazol + 5-Fluorocytosin
  - **Histoplasma und Coccidioides:** Voriconazol
  - **Encephalitozoon:** Versuch mit Albendazol (wirkt nur mäßig gut)
  - **Toxoplasma:** Pyrimethamin + Sulfadiazin (Leucovorin, evtl. nur Bäckerhefe, dazugeben, um die Verträglichkeit zu verbessern)
  - **Plasmodium:** Atovaquon + Proguanil
  - **Amöben:** Metronidazol
  - **Taenia:** Praziquantel
  - **Toxocara:** Thiabendazol
  - **Echinococcus:** Albendazol

Prä
- **Sorgfältige Ernährung** (viele Erreger werden über Lebensmittel übertragen)
- **Angepasste Verhaltensweisen bei Reisen in tropische bzw. subtropische Länder** (z.B. Mückenschutz)
- **Impfung** (→ S.108): gegen Masern, FSME und Tollwut (mit guter Wirksamkeit bei gleichzeitig guter Verträglichkeit)

1.1.3 Hirnabszess

Def Umschriebene, eitrige Herde im Hirnparenchym

Rf
- Odontogener Infektionsherd
- Neurochirurgischer Eingriff
- Trauma (z.B. Splitterverletzungen)
- Hämatogene Aussaat von Erregern
- Erregerausbreitung per continuitatem, z.B. ausgehend von einer Otitis media

Err
- **Bakterien:** Staphylococcus aureus, vergrünende Streptokokken, Pneumokokken, Peptokokken, Peptostreptokokken, Escherischia coli, Klebsiella, Pseudomonas, Porphyromonas, Prevotella, Bacteroides, Nocardien, Aktinomyzeten
- **Pilze:** Aspergillus, Zygomyzeten (z.B. Mucor), Cryptococcus (meist bei AIDS)
- **Protozoen:** Amöben, Toxoplasma (meist bei AIDS)

Di
- **Klinische Zeichen:** fokalneurologische Ausfälle, Krampfanfälle, Schmerzen, Fieber
- **Liquor** (→ S.102): evtl. o.B., Entzündungszeichen (Pleozytose, Eiweiß ↑)
- **MRT/CT:** singuläre/multiple Herde mit Kapsel und Ödem, z.T. konfluierend
- **Biopsie** (→ S.105): mikroskopischer und kultureller Erregernachweis (speziell auf Anaerobier achten)

Th
- **Kalkulierte Therapie** (bei bakterieller Infektion)
  - Chloramphenicol (breite Wirkung gegen Aerobier und Anaerobier; geht gut ins Hirngewebe; wird wegen der sehr seltenen Komplikation einer Knochenmarkdepression kaum noch eingesetzt)
  - Ceftriaxon + Metronidazol + ggf. Fosfomycin bzw. Rifampicin
  - Meropenem
- **Gezielte Therapie**
  - **Aspergillus:** Voriconazol
  - **Kryptokokkose:** Fluconazol + Amphotericin B + 5-Fluorocytosin
  - **Amoebiasis:** Metronidazol
  - **Toxoplasmose bei AIDS-Patienten:** Pyrimethamin + Sulfonamid

1.1.4 Hirnzyste

Df	Flüssigkeitsgefüllte, abgegrenzte Herde
Rf	Vor Jahren durchgemachte Infektion mit Taenia solium (Schweinebandwurm) oder mit Echinococcus multilocularis (Fuchsbandwurm)
Err	Larvenstadium von Taenia solium (Zystizerkose) bzw. Echinococcus multilocularis
Di	• **Klinische Zeichen:** evtl. fokalneurologische Ausfälle • **Blutuntersuchung** (→ S.104): Eosinophilie (in nur 50%); Antikörper gegen Taenia solium bzw. Echinococcus • **CT:** hypodenses Areal, evtl. mit Verkalkungen
Th	• **Zystizerkose:** chirurgische Intervention + Praziquantel, evtl. + Kortison • **Echinokokkose:** Mebendazol

1.1.5 Neuritis/Polyradikulitis

Def	• Entzündung von einzelnen oder mehreren Hirnnerven bzw. peripheren Nerven oder deren Austrittsstellen aus dem Wirbelkanal - **Direkte Infektion** - **Postinfektiös** (häufiger): Immunreaktion gegen Erreger; bei Antigen-homologie mit den Nerven (antigenic mimikry): Autoimmunreaktion - **Postvakzinale Genese:** wird diskutiert
Ko	• Je nach Lokalisation ggf. lebensbedrohliche Folgen, z.B. Ateminsuffizienz • Bei rascher Progression der Erkrankung geringe Tendenz zur Restitution
Err	• **Viren:** Enteroviren (Coxsackie, ECHO, Poliomyelitis), FSME, VZV, CMV • **Bakterien:** Borrelien, Treponema, Mycobacterium leprae, Campylobacter jejuni (Guillain-Barré-Syndrom = GBS), Mycoplasma pneumoniae
Di	• **Klinische Zeichen:** bei Befall motor. Nerven akute bis subakute schlaffe Lähmung; bei Befall sensorischer Nerven: Hyp-, Dysästhesie, Hypalgesie, vegetative Strg. • **Neurographie, Elektromyographie (EMG)** • **Liquordiagnostik** (→ S.102): meistens mit entzündlichen Veränderungen (Pleozytose, Albuminerhöhung, intrathekale Immunglobulinproduktion) • **Serologie** (→ S.104): Nachweis spezif. Antikörper (außer Mycobact. leprae) • **PCR** (aus Blut oder Liquor): Erregernachweis
Th	• **Bei direkter Infektion:** evtl. Virustatika, Antibiotika • **GBS:** ggf. Plasmapherese

1.2 Auge

1.2.1 Keratitis

Def	Entzündung der Hornhaut: superfiziell oder tiefreichend bis auf die Descemet`sche Membran, einzelne oder multiple Herde, mit scharfem Rand oder unscharf begrenzt
Rf	• **Schädigung der Hornhaut:** mechanisch (Trauma, Operation, Kontaktlinsen), aktinisch, trophisch (mangelnder Tränenfluss, Vitamin-A-Mangel, Lidschlussstörungen) ⇒ Eintrittspforte für bakt. Erreger, freilebende Amöben (Acanthamöben) • **Virusinfektionen der Konjunktiva** (→ S. 1.2.2): können auf die Kornea übergreifen • **Bakterielle Erreger:** können auch von einer Blepharitis (→ S.13) ausgehen

Ko	• Bei Durchbruch der Descemt'schen Membran droht Invasion mit Hypopionbildung • Bei lang anhaltendem Defekt narbige Ausheilung ⇒ schwerer Visusverlust
Err	• **Viren:** Adenoviren, Herpes-simplex-Viren, VZV (Zoster ophthalmicus) • **Bakterien:** Pseudomonas, Staphylokokken, Streptokokken, Treponema pallidum • **Pilze:** Aspergillus, Fusarium, Alternaria, Pseudallescheria
Di	• **Klinische Zeichen:** Visusverlust, Sehstörungen, Fremdkörpergefühl, Lichtscheu, gelegentlich Rötung des betroffenen Auges • **Spaltlampenuntersuchung:** Ulceration, Eiter • **Mikrobiologie:** Kultur, PCR (→ S.102), Serologie (Luesantikörper) (→ S.104)
Th	• **Bei oberflächlichen Ulzerationen:** zunächst topische Therapie mit antiviralen bzw. antimikrobiellen Substanzen • **Bei Narbenbildung:** Hornhauttransplantation

1.2.2 Konjunktivitis/Skleritis

Def	• Entzündung der Bindehaut (ein- oder beidseitig) • Rötung (Hyperämie), oft auch eitrige Entzündung • bei längerem Bestehen entwickeln sich narbige Veränderungen (typisch für das Trachom: chronische, granulomatöse Herde, die als zahlreiche kleine Follikel am tarsalen und bulbären Anteil der Konjunktiva entstehen) • Eine Blepharoblennorrhoe, z.B. durch Gonokokken, kann extrem eitrig sein • Übergriff auf die Hornhaut ist möglich (→ S. 1.2.1)
Rf	• **Schädigung der Bindehaut:** mechanisch (Fremdkörper, Trauma, OP), aktinisch, trophisch (mangelnder Tränenfluss, Vitamin-A-Mangel, Lidschlussstrg.) • **Keratitis** (→ S.11)**/Blepharitis** (→ S. 1.2.3) • **Schmierinfektionen:** gelegentlich epidemieartiges Auftreten, z.B. im Kindergarten oder nach Schwimmbadbesuch • **Nosokomial** • **Längerer Aufenthalt in tropischen Ländern**
Err	• **Viren:** Adenoviren (vor allem Typ 7, 8 und 19 = hochkontagiös), Rubulaviren, Enteroviren, ECHO-, Coxsackie-Viren • **Bakterien:** Staphylokokken, Pneumokokken, Haemophilus influenzae, Pseudomonas aeruginosa, Gonokokken beim Neugeborenen, Chlamydia trachomatis (Serovare D-K= „Schwimmbadkonjunktivitis", Serovare A-C = "Trachom") • **Nicht infektiöse Ursachen** - Reiter-Syndrom bei jungen Männern (Arthritis, Konjunktivitis, Urethritis) - Immunpathologische Reaktionen (postinfektiös), z.B. nach Campylobacter- und Yersinien-Enteritis
Di	• **Klinische Zeichen:** Rötung, verstärkter Tränenfluss, brennender Schmerz, Photophobie • **Mikrobiologische Untersuchung:** Mikroskopie, Kultur, PCR (Abstrich → S. 102)
Th	• **Symptomatisch/topisch:** Anästhetika, Antiphlogistika, schleimhautabschwellende Medikamente (Kortikoide, Tetryzolin, Phenylephrin), ggf. systemische antiphlogistische Therapie, z.B. mit Salicylaten • **Kausal:** lokale Antibiotika (Tetrazykline, Chinolone, Aminoglykoside, Polymyxin B)

1.2.3 Blepharitis

Def	Entzündung des Augenlids (Lidrand oder die gesamte Lidhaut); als **trockene** (→ nur Rötung), **katarrhalische**, **eitrige** Entzündung oder **follikuläre Entzündung** (betrifft nur die Wimpernfollikel bzw. Drüsen): - **Hordeoulum (Gerstenkorn)** = akute, eitrige Entzündung der Talgdrüsen (Moll'sche Drüsen) am oberen bzw. unteren Lidrand - **Chalazion (Hagelkorn)** = akute, eitrige Entzündung der Meibom'schen Talgdrüsen durch Verstopfung der Drüsenausführungsgänge ⇒ knapp unterhalb der Lidkante traubenkerngroße, wenig schmerzhafte Herde, die evtl. spontan abheilen
Rf	Konjunktivitis (→ S.12)
Err	• **Bakterien:** Moraxella, Staphylokokken, Streptokokken • **Viren:** Molluscum contagiosum • **Parasiten:** Haarbalgmilben (Demodex), Kopf- und Filzläuse können die Wimpern besiedeln und an den Lidrändern eine Entzündung induzieren
Di	**Klinische Zeichen:** lokal schmerzhafte Schwellung und Rötung, Photophobie
Th	• Lokale Desinfektion (Lidkantenreinigung) • Thermokoagulation bzw. Exzision der betroffenen Stellen • Ggf. antibiotische Therapie (Tetrazykline)

1.2.4 Kanalikulitis, Dakryozystitis

Def	Infektion der Tränenwege (meist einseitig)
Rf	• Im Rahmen verschiedener Virusinfektionen • Mechanische Obliteration, z.B. durch Dakryolithen
Ko	Durch bakterielle Superinfektion mit Keimen der Haut und Schleimhäute können sich seröse Entzündungen intensivieren
Err	• **Viren:** Masern, Mumps, EBV • **Bakterien:** Streptokokken, Pneumokokken, Staph. aureus, Enterobacteriaceae, Chlamydia trachomatis, Actinomyces
Di	• **Klinische Zeichen:** schmerzhafte Schwellung und Rötung des Oberlids, Tränenträufeln, evtl. schlechtes Allgemeinbefinden
Th	• **Lokale Wärmeapplikation** • **Antibiotikatherapie** - **Lokal:** Aminoglykoside - **Systemisch:** Doxycyclin, Cephalosporine der 2. Generation - **Chirurgische Intervention** (selten)

1.2.5 Endophthalmitis

Def	• Entzündung der verschiedenen Kompartimente des inneren Auges, z.B. der Uvea, der Vorderkammer, des Glaskörpers bzw. der Retina • DD: nicht infektiöse Störungen bei Patienten mit einer genetischen Prädisposition (HLA B27), z.B. Morbus Behcet, und anderen Grundkrankheiten, z.B. Diabetes
Rf	• Hämatogene Aussaat von Erregern • Postoperative bzw. posttraumatische Situation

Err	• **Viren:** CMV • **Bakterien:** Enterobacteriaceae, Staphylococcus, Mycobacterium tuberculosis • **Pilze:** Candida, Cryptococcus, Histoplasma, Fusarium, Aspergillus • **Protozoen:** Toxoplasma gondii
Di	• **Anamnese:** langsam zunehmende Sehstörung • **Augenhintergrundspiegelung:** Veränderungen an der Retina, ggf. ist der Glaskörper so trüb, dass die Retina nicht mehr erkennbar ist • **Mikrobiologische Untersuchung** - **Kultur:** evtl. Nachweis von Erregern aus Punktat (→ S.102) - **Serologie** (→ S.104): Antikörpernachweis (Histoplasma, Toxoplasma), Antigennachweis (Cryptococcus)
Th	• **Bakterien** - Ampicillin - Ceftriaxon - Linezolid - Cotrimoxazol • **Pilze** - Fluconazol + Fluorocytosin - Voriconazol - Ggf. Amphotericin B intraokulär

1.2.6 Orbitainfektionen

Def	• Infektionen der Augenhöhle • Bei Orbitalphlegmone besteht die Gefahr, dass Eiter in das ZNS durchbricht, sodass lebensbedrohliche Situationen entstehen können
Rf	• Iatrogene bzw. traumatische Inokulation • Erregerinvasion aus der Umgebung (Nasennebenhöhlen- bzw. Dentalinfektionen)
Err	• **Bakterien:** v.a. Staphylococcus aureus, seltener Pseudomonas, Anaerobier • **Schimmelpilze:** z.B. Aspergillus fumigatus, Zygomyzeten
Di	• **Klinische Zeichen:** Rötung und Schwellung der Orbitaregion, evtl. starke Lidschwellung, sodass das Auge nicht geöffnet werden kann
Th	• **Sofort:** kalkulierte Therapie mit Imipenem bzw. mit Voriconazol (um ein schnelles Voranschreiten der Infektion mit schlechter Prognose zu verhindern) • **Weiterführende gezielte Therapie:** richtet sich nach dem spezifischen Erreger

1.3 Mund, Rachen
1.3.1 Cheilitis

Def	• Entzündung an den Lippen, lokalisiert oder die gesamten Lippen betreffend • **Cheilitis angularis = Angulus infectiosus = Perlèche = Faulecke:** nur die Mundwinkel sind befallen • DD: allergische Reaktion, Melkersson-Rosenthal-Syndrom
Rf	• Persistierende Infektion mit Herpes-Simplex-Virus (HSV) • Eisenmangel • Starker und ständiger Speichelfluss schafft die Voraussetzung für Perlèche • Schlechte Mund- und Zahnhygiene, Prothesenträger • Abwehrschwäche, z.B. bei AIDS • Geschlechtsverkehr mit Prostituierten kann zu einer primären Lues (Stadium I) führen ⇒ Primäraffekt (harter Schanker = Ulcus durum) ggf. auch an der Lippe

Err	• **Viren:** Herpes-simplex-Virus • **Bakterien:** Staphylokokken, Treponema pallidum • **Pilze:** Candida spp.
Di	• **Klinische Zeichen:** Rhagaden, Fissuren, Schwellung; HSV: einzeln stehende, brennende Bläschen am Übergang von Haut zu Schleimhaut; bei Rezidiven sind oft die gleichen Stellen befallen • **Mikrobiologische Untersuchung** - **PCR:** Virusnachweis im Bläscheninhalt (→ S.108) - **Kultur:** Nachweis von Candida spp. bzw. von Bakterien (z.B. Abstrich aus Fissuren und Rhagaden des Mundwinkels → S. 103) - **Serologie** (→ S.104): HSV-Antikörper (in der akuten Phase sind die Werte noch unauffällig, Wert steigt erst nach wenigen Tagen an); Lues-Antikörper
Th	• **Herpes-simplex-Virus:** topische Applikation von Aciclovir • **Sekundäre bakterielle bzw. mykotische Infektionen:** lokale Antibiotika und Antiseptika (z.B. Polihexanid, PVP-Jod) • **Hefepilze:** Nystatin- bzw. Amphotericin-B-Salbe • **Luetischer Primäraffekt:** Penicillin G

1.3.2 Glossitis

Def	Oberflächliche oder profunde Entzündungen der Zunge
Rf	• Abwehrschwäche • Antibiotikatherapie
Err	• **Pilze:** Candida • **Bakterien:** Treponema pallidum
Di	• **Klinische Zeichen** - Rötung mit schmerzhaften, sichtbaren Einrissen in der Zungenschleimhaut (saure und scharfe Lebensmittel verstärken den Schmerz) - Ggf. weißlich bis braun verfärbte Beläge, die außer der üblichen Mundflora auch Candida spp. enthalten können (Soor) - Bei einem scharf begrenzten, von einem entzündlichen Wall umgebenen Rundherd an luetischen Primäraffekt (harter Schanker = Ulcus durum) denken • **Mikrobiologische Untersuchung** - **Abstrich** (→ S.103): Mikroskopie und Kultur (→ Candida) - **Serologie** (→ S.104): Nachweis von Lues-Serumantikörpern
Th	• **Tyrothricin** (Kombination von Gramicidin + Tyrocidin ⇒ wirken synergistisch mit breitem Wirkspektrum auf Bakterien und Hefen) • **Lokale Schleimhautantiseptika** als Lutschtabletten oder Gurgellösung (z.B. Cetrimoniumbromid, Cetylpyridiumchlorid, Dequaliniumchlorid, Hexetidin) • **Lokalanästhetika** (z.B. Lidocain) in Form von Lutschtabletten • **Nystatin- oder Amphotericin-B-Lutschtabletten:** gegen Hefen wirksam • **Penicillin G:** bei Lues (längere Behandlung)

1.3.3 Stomatitis

Def	• Schleimhautentzündung der Mundhöhle • Herdförmige (aphthöse) oder diffuse Schleimhautveränderungen • Meist als katarrhalische Entzündung mit Rötung (Enanthem) und Schwellung, ggf. mit Bläschen, Belägen und evtl. Blutungen

Rf	• **Lokale Faktoren,** z.B.: - Schlecht sitzende Zahnprothese - Verminderter Speichelfluss • **Systemische Faktoren,** z.B.: - Immunschwäche - Eisenmangel
Err	• **Viren:** z.B. Herpes-simplex-Virus, Epstein Barr-Virus (EBV), Masernvirus, Coxsackie-A-Viren (Herpangina), seltener: vesikuläres Stomatitis-Virus (VSV) • **Bakterien:** diverse Bakterien der Mundflora (auch seltenere, z.B. Eikenella corrodens) • **Pilze:** Candida spp.
Di	• **Klinische Zeichen:** foetor ex ore, verstärkter Speichelfluss (Hypersalivation), erschwerte Nahrungsaufnahme, Veränderungen der Mundschleimhaut: - Erythem mit roten Maculae - Oft mit cremig weißen, pseudomembranösen Belägen (aus desquamierten Epithelzellen, Entzündungszellen, Fibrin, Bakterien, Hefepilzen); Abwischen der Beläge kann Blutung der darunter liegenden Schleimhaut auslösen - Typisch für das Frühstadium einer Maserninfektion: Koplik'sche Flecken = punktförmige, rein weiße, nicht wegwischbare Foci, auf der Wangenschleimhaut oberhalb der Molare; später: Enanthem an Gaumen, Uvula, Tonsillen ⇒ Exanthem • **Mikrobiologische Untersuchung** - **Serologie** (→ S.104): HSV-Serumantikörper - **PCR:** HSV-Genom-Nachweis (von Abstrich)
Th	• **Lokalanästhetika** • **Schleimhautdesinfizientien:** reduzieren die Gefahr einer sekund. bakt. Infektion • **Tyrothricin** (Komb. von Gramicidin + Tyrocidin → wirken synergistisch mit breitem Wirkspektrum auf Bakterien und Hefen): kann die Bakterienflora reduzieren • **Nystatin- oder Amphotericin-B-Lutschtabletten:** gegen Hefen wirksam

1.3.4 Pharyngitis

Def	• Entzündung der Rachenschleimhaut, meistens im Rahmen einer katarrhalischen Infektion mit Rhinitis (→ S.18) und Konjunktivitis (→ S.12)
Rf	• Vorangegangene Infektionen mit narbig zerklüfteten Tonsillen • Bakterielle Superinfektionen nach vorangegangenem viralem Infekt • EBV Burkitt-Tumor
Ko	Kann auf Tonsillen übergreifen (→ S.17)
Err	• **Viren:** z.B. Coxsackie-A-Viren (Herpangina), EBV, Masern, HSV • **Bakterien** der Mundflora • **Pilze:** Candida spp.
Di	• **Klinische Zeichen:** diffuse Rötung, gelegentlich Aphthen (= gerötete, ödematöse Schwellung mit zentraler Erosion der Epitheldecke), Eiterungen bei sekundärer bakterieller Superinfektion, dicker, weißlicher Belag bei Infektion mit Hefepilzen (Soor); meist flächig; befällt oft auch die Zunge • **Mikrobiologische Untersuchung:** kultureller Erregernachweis (Abstrich → S. 103)
Th	• **Lokalanästhetika** • **Schleimhautdesinfizientien:** reduzieren die Gefahr einer sekund. bakt. Infektion • **Tyrothricin** (Komb. von Gramicidin + Tyrocidin → wirken synergistisch mit breitem Wirkspektrum auf Bakterien und Hefen): kann die Bakterienflora reduzieren • **Nystatin- oder Amphotericin-B-Lutschtabletten:** gegen Hefen wirksam

1.3.5 Tonsillitis

Def	Entzündung der Gaumen- bzw. Rachenmandeln • **Viral:** meist Rötung und Schwellung = **Angina catarrhalis** • **Bakteriell:** eitrige Entzündung als - **Angina follicularis:** fokale, stippchenförmige Eiterungen - **Angina lacunaris:** konfluierende, größere Eiterherde; es können tiefe Ulzerationen entstehen
Rf	Zerklüftete Tonsillen nach vorangegangenen Infektionen
Ko	• Peritonsillitis bis hin zum Peritonsillarabszess (Seitenstrangangina) • Herde können Fokus für entfernte immunologische Prozesse sein
Err	• **Viren:** Coxsackie-A-Viren (Herpangina) • **Bakterien:** Streptococcus pyogenes (Serovar A) und andere Bakterien der Mundflora, Corynebacterium diphtheriae, Symbiose von Treponema vincenti und Fusobacterium fusiforme (Angina Plaut Vincenti), andere Anaerobier • **Mischinfektionen** kommen vor (→ S. 17, Tabelle 1)
Di	• **Klinische Zeichen:** foetor ex ore, Schluckbeschwerden, Fieber, Lymphknotenschwellung, Rötung der Umgebung der Eiterherde (v.a. bei Diphtherie) • **Mikrobiologische Untersuchungen** - **Abstrich** (→ S.103): kultureller/mikroskopischer Erregernachweis (Angina Plaut Vincenti → sind meist nicht kultivierbar) - **Serologie** (→ S.104): Antikörper gegen Streptokokkenantigene ("Rheumaserologie" = Antistreptolysin-O-Titer, Antistreptokokken-DNase-B-Titer) → zur Verlaufskontrolle und Diagnostik rheumatischer Folgeerkrankungen
Th	• **Unterstütztend:** - Tyrothricin lokal (= Gramicidin + Tyrocidin) - Gurgeln mit schleimhautverträglichen Antiseptika, z.B. mit jodhaltigen Verbindungen, Chlorhexidin/Cetylpyridiniumchlorid • **Antimikrobielle Therapie:** - Penicillin - Cephalosporine der 2. Generation, - Makrolide, Ketolide

Tabelle 1: spezifische Ursachen einer eitrigen Angina tonsillaris

Streptococcus pyogenes	• Einige, kleine, weiche, schmierige Eiterherde (Stippchen) • Starke Rötung
Fusobacterium/ Treponema	• Angina Plaut Vincenti (ulceröse Angina) • Einseitig • Weiche Beläge
Corynebacterium diphtheriae	• Foetor ex ore • Starke Entzündungsreakt., greift leicht auf die Umgebung über • Flächige, harte Eiterherde • Fibrinhaltige Pseudomembranen; bluten bei Entfernung
Gelegentlich auch: Neisserien, Moraxella, Haemophilus, Staphylokokken, Chlamydien, Mykoplasmen, Anaerobier	

1.3.6 Gingivitis/Parodontitis

Def	Oberflächliche Entzündung des Zahnfleisches (Parodontitis marginalis)
Rf	Übergreifen von einer Stomatitis (→ S.15) oder Karies (→ S.18)
Ko	• Bei ausgedehnter Parodontose evtl. systemische Folgekrankheiten • Bei anhaltender Reizung evtl. Parodontose (Schwund des Zahnhalteapparates im Kieferknochen)
Err	Diverse Bakterien der Mundflora, v.a. vergrünende Streptokokken; auch Anaerobier (z.B. Porphyromonas gingivalis)
Di	• **Klinische Zeichen:** Rötung, Schwellung, Blutungsneigung bei geringer mechanischer Beanspruchung • **Mikrobiologie** (→ S.103): Kultur (umfasst nur wenige Keime), PCR
Th	• Mechanische Reinigung der Zahnoberflächen und Zahnfleischtaschen • Nachbehandlung mit Laserlicht kann die Keimbesiedelung weiter verringern
Prä	• Regelmäßige mechanische Reinigung mit der Zahnbürste • Regelmäßige Gabe von Fluortabletten • Zahnärztliche Kontrollen und Behebung von sanierungsbedürftigen Herden

1.3.7 Karies/Dentalinfektionen

Def	Zerstörung des Zahnschmelzes
Rf	Glukosehaltige Nahrung ⇒ fördert das Wachstum der Bakterien der Mundflora und die Bildung von Glucanen durch Streptococcus mutans ⇒ dadurch entstehen Beläge auf dem Zahnschmelz ⇒ Bakterien vermehren sich und produzieren Säure ⇒ Demineralisation ⇒ demineralisierte Zonen = Eintrittspforte für weitere Bakt.
Ko	Betroffene Zähne sind möglicher Fokus für andere Folgeerkrankungen
Err	Streptococcus mutans und andere Streptokokken
Di	• **Klinische Zeichen:** Zahndefekte • **Ggf. Röntgen:** um Ausmaß der Zerstörung des Zahnknochens festzustellen
Th	Sanierung durch den Zahnarzt
Prä	• Regelmäßige mechanische Reinigung mit der Zahnbürste • Regelmäßige Gabe von Fluortabletten • Zahnärztliche Kontrollen und Behebung von sanierungsbedürftigen Herden

1.4 HNO

1.4.1 Rhinitis/Sinusitis

Def	• **Rhinitis:** akute Entzündung der Nasenschleimhaut (Schnupfen); zunächst Hyperämie, später seröse, katarrhalische Entzündung • **Sinusitis:** Entzündung der Schleimhaut der Nasennebenhöhlen in Folge der Belüftungsstörungen im Rahmen einer Rhinitis; persistiert evtl. auch nach Abklingen der Rhinitis; betrifft eine oder mehrere Nasennebenhöhlen, bis hin zur Pansinusitis • **DD:** allergische Ursache (→ Anamnese, Allergietestung, Histologie)
Rf	Oft gleichzeitig bestehende Pharyngitis (→ S.16) und Konjunktivitis (→ S.12)

Ko	• **Schleimhautveränderungen:** durch chronische Verläufe (Hypertrophie oder Atrophie = Rhinitis sicca) • **Superinfektion mit Bakterien** ⇒ evtl. Eiterbildung, Destruktion ⇒ durch den Gewebezerfall und die Bakterien entsteht ein putrider Geruch (Ozaena) • **Otitis media** (→ S. 1.4.2) • **Narbige Veränderungen:** durch lang anhaltende Infektionen (können eine Chronifizierung bahnen) • **Invasion von Erregern** in die umgebenden Knochen, Orbita oder ZNS • **Entwicklung eines dichten Pilzgeflechts** („fungus ball"): eingeatmete Sporen von Schimmelpilzen (v.a. Aspergillus fumigatus und Zygomyzeten) können bei vorgeschädigter Schleimhaut die Nebenhöhlen kolonisieren
Err	• **Viren:** Adenoviren, Coronaviren, Coxsackie-Viren, ECHO-Viren, Enteroviren, Rhinoviren, Pneumovirus (= RSV), Influenzavirus, Paramyxovirus • **Bakterien:** Staphylococcus aureus, Pneumokokken, Haemophilus influenzae, Enterobacteriaceae (z.B. Klebsiella ozaenae), anaerobe Bakterien • **Pilze:** Aspergillus fumigatus, Pseudallescheria und andere Schwärzepilze (Dematiazeen), Zygomyzeten
Di	• **Klinische Zeichen:** Riechvermögen ↓, näselnde Sprache, erschwerte Atmung, generelle Beschwerden (z.B. Kopfschmerzen, Unwohlsein, Fieber) • **Kultureller Erregernachweis** (→ S.103): spätestens bei Chronifizierung
Th	• **Rhinologika** (Sympathomimetika, Epinephrin) ⇒ Schleimhautabschwellung • **Kalkulierte antibiotische Therapie** (→ Reduktion der Schleimhautschädigung): - Aminopenicilline (evtl. in Kombination mit Beta-Laktamase-Inhibitoren) - Oralcephalosporine - Makrolide (Clarithromycin, Roxithromycin), Ketolide - Chinolone (Levofloxacin, Moxifloxacin) • **Ggf. systemische antimykotische Therapie** • **Bei Chronifizierung:** ggf. chirurgische Intervention

1.4.2 Otitis media

Def	• Infektion der Paukenhöhle • Eine akute Otitis media kann innerhalb weniger Stunden explodieren, dauert meist aber nur einige Tage
Rf	• Beginnt meist mit einem viralen Infekt der oberen Luftwege (Sinusitis, Rhinitis → S. 18) ⇒ Schleimhautschwellung der Tuba auditiva Eustachii ⇒ Sekretabfluss ↓, Belüftungsstörung des Mittelohrs ⇒ bakterielle Infektion • V.a. bei Kindern (→ Tube ist horizontaler gestellt) führt die Schwellung der Schleimhaut zur Obstruktion (v.a. bei vergrößerten Rachenmandeln); bis zum 3. Lebensjahr haben 2/3 aller Kinder eine Otitis media durchgemacht
Ko	• Mastoiditis • Meningitis (→ S.7) • Hirnabszess (→ S.10)
Err	• **Viren:** Masern, Enteroviren, RSV, Rhinoviren, Influenza, Parainfluenza, Adenoviren • **Bakterien:** Pneumokokken, Staphylococcus aureus, Haemophilus influenzae, Moraxella catarrhalis, Enterobacteriaceae, z.B. Klebsiella pneumoniae, seltener: anaerobe Bakterien, z.B. Peptostreptococcus, Fusobacterium, Prevotella und Porphyromonas

Di	• **Klinische Zeichen:** starke Ohrenschmerzen, Tragusdruckschmerz • **Otoskopie:** Rötung u. Schwellung des Trommelfells, Reflexverlust, **Cave:** Trommelfellperforation!
Th	• **Nicht steroidale Antiphlogistika** ⇒ Analgesie, Schleimhautabschwellung • **Feuchter Ohrwickel:** unterstützt den Heilungsprozess • **Antibiotische Therapie:** z.B. - Makrolide, Ketolide - Ampicillin (evtl. kombiniert mit einem Beta-Laktamase-Inhibitor) - Cephalosporine der 2. Generation ⇒ können Heilungsprozeß beschleunigen und Chronifizierung verhindern • **Bei anhaltender Infektion und drohendem serösen Erguss (Serotympanon):** Trommelfellperforation

1.4.3 Otitis externa

Def	Entzündung des äußeren Gehörgangs (der äußere Gehörgang ist zwar durch die dicke Epithelbarriere und durch humorale Schutzfaktoren, z.B. dem Cerumen, vor Infektionen geschützt; trotzdem kommt es gelegentlich zu einer Erregerinvasion)
Rf	• Chronische Irritationen (Cholesteatom; Trauma, z.B. Kratzspuren) • Schwimmbadbesuch
Err	• **Viren:** Herpes-simplex-Virus, Varizella-Zoster-Virus • **Bakterien:** Staph. aureus, Enterobacteriaceae, Pseudomonas aeruginosa • **Pilze:** Aspergillus niger
Di	• **Klinische Zeichen:** gerötete, nässende oder ulzerierte Läsionen, gelegentlich schwarzer Pilzrasen mit Aspergillus niger
Th	• **Beseitigung der Irritation** (ist oft ausreichend) • **Weiterführende Maßnahmen** - Debridement - Reinigung - Lokale, hautverträgliche Desinfektionsmittel - Otologika mit Antibiotika und Kortikoiden - Selten: systemische Therapie mit antimikrobiellen Stoffen

1.4.4 Laryngitis/Epiglottitis

Def	Entzündung der Kehlkopfschleimhaut, der Epiglottis bzw. der Stimmbänder
Rf	• Katarrhalische Infektionen des Mund- und Nasenraums • Eine Pharyngitis (→ S.16) greift häufig auf Epiglottis und Stimmbänder über
Ko	• Laryngotracheobronchitis • Erstickungsgefahr bei Epiglottitis! (v.a. bei Haemophilus)
Err	• **Viren:** → Tabelle 2, (→ S.21) • **Bakterien** (z.T. als bakterielle Superinfektion): Staphylokokken, Streptokokken, Pneumokokken, Haemophilus influenzae (typischerweise bei Epiglottitis), Corynebacterium diphtheriae (heute sehr selten; breitet sich von den Tonsillen aus) • **Pilze:** Candida-Arten ⇒ Soor
Di	• **Klinische Zeichen:** Heiserkeit, Husten, Halsschmerzen, starker Speichelfluss, Rötung, Schwellung, bei starker ödematöser Schwellung: Atemnot

Th	- **Nicht-steroidale Antiphlogistika:** schmerzlindernd, antiphlogistisch - **Tyrothricin** (= Gramicidin + Tyrocidin) → breite antibiotische Wirkung - **Ggf. Beatmung, Intubation oder Tracheotomie** (evtl. auch Coniotomie) - **Antibiotikatherapie:** · Amoxicillin + Clavulansäure (H. influenzae bildet selbst keine Beta-Laktamase, jedoch viele kolonisierende Keime der Begleitflora) · Cefotaxim

Tabelle 2: Viren, die häufig katarrhalische Infektionen der oberen Luftwege auslösen

- **Rhinoviren**, ca. 110 Serotypen
- **Myxoviren**, z.B. Influenza: Gruppe A, B und C
- **Paramyxoviren**, z.B. Parainfluenza, Morbillivirus (Masern), Pneumovirus (= RSV)
- **Mastadenoviren** (Adenoviren), ca. 47 Serotypen
- **Enteroviren**, z.B. Coxsackie-Viren (Gruppe A 23 Serotypen, Gruppe B 6 Serotypen)

1.5 Atemwege

1.5.1 Akute Laryngeotracheobronchitis

Def	Akute Entzündung des Tracheobronchialtrakts mit Häufigkeitsgipfel im Frühjahr und Herbst; meistens milder Verlauf
Ko	• Komplikationen an anderen Organen, z.B. Myokarditis (→ S.47), Enzephalitis (→ S.9) • Bakterielle Superinfektion
Err	• **Viren:** Rhinoviren, Adenoviren, RSV, Myxoviren, Paramyxoviren, Coxsackie-Viren • **Bakterien:** Mycoplasma pneumoniae
Di	• **Klinische Zeichen** (sind i. d. R. zur Diagnosestellung ausreichend): Husten mit Auswurf, Störungen des Allgemeinbefindens: z.B. Kopf-/Gliederschmerzen, Fieber • **Endoskopie:** Rötung und Schwellung der Schleimhaut • **Labordiagnostik:** meistens nicht erforderlich
Th	• **Symptomatisch:** Antitussiva, Schleimlöser • **Antibiotische Therapie** (nur bei V.a. bakterielle Infektion bzw. Superinfektion) - Doxycyclin - Makrolide (Clarithromycin, Azithromycin) - Pneumokokkenwirksame Chinolone (Levofloxacin, Moxifloxacin)
Prä	Influenza-Impfung (1 x/Jahr) kann einige Fälle verhindern (→ S.114)

1.5.2 Akute, eitrige Bronchitis

Def	Eitrige, evtl. auch nekrotisierende Entzündung der Bronchialschleimhaut
Ko	• **Bakt. Superinfektion:** manifestiert sich oft durch persistierendes/erneutes Fieber nach viraler Bronchitis; führt zum Verlust des Flimmerepithels u. der elastischen Fasern ⇒ Umbau durch mehrschichtiges Plattenepithel; evtl. narbige Deformation ⇒ Schwachstelle ⇒ rezidivierende Infektionen • **Bronchopneumonie:** v.a. bei vorgeschädigter Schleimhaut (z.B. durch Rauchen, Chemikalien • **Schwerer Verlauf:** bei bestehender Herzkrankheit

Err	• **Primäre Infektion:** meist Bordetella pertussis, Moraxella catarrhalis, Haemophilus influenzae, Streptococcus pneumoniae, Klebsiella pneumoniae • **Superinfektion nach Virusinfektion:** meist Staphylococcus aureus • Enterokokken haben im Sputum keinen Krankheitswert
Di	• **Klinische Zeichen:** Husten, gelber, zäher Auswurf (stinkender Geruch des Auswurfs → V.a. nekrotisierende Eiterung), Fieber, feuchte, nichtklingende RGs (Brummen, Giemen) • **Mikrobiologische Untersuchung** - **Kultur:** Erregernachweis im Sputum (→ S.103) - **Pneumokkenantigennachweis i. Urin** (Pneumokokken sind schwer anzuzüchten)
Th	• **Sympt. Therapie:** Antitussiva, schleimlösende Medikamente, ggf. Antipyretika • **Antibiotische Therapie** - Amoxicillin + Clavulansäure - Cephalosporine der 2. Generation - Makrolide (v.a. Azithromycin) - Pneumokokkenwirksame Chinolone (Levofloxacin, MoxifloXacin)
Prä	Impfung gegen Keuchhusten und Pneumokokken (→ S.113)

1.5.3 Chronische Bronchitis (ohne Obstruktion)

Def	• Husten u. produktiver Auswurf an den meisten Tagen innerhalb von mind. 3 Mon. • **Verlaufsformen:** - Stabile Erkrankung - Exazerbierte Bronchitis → Zunahme der Dyspnoe, des Sputums od. dessen Purulenz • Typhus: typisch ist eine Bronchitis zu Beginn der zyklischen Infektion
Rf	• **Umweltbedingungen:** Aufenthalt in engen, schlecht belüfteten Räumen) • **Malnutrition:** z.B. Alkoholabusus, Leberzirrhose • **Starkes Rauchen** → Invasion von kolonisierenden Keimen der Bronchialschleimhaut • **Begleitende Infektionen** durch Viren (Influenzaviren, Rhinoviren) und Chlamydien bzw. Mykoplasmen können eine Exazerbation auslösen
Ko	Entzündliche Veränderungen sind reversibel (kein Umbau, keine Emphysembildung)
Err	• Haemophilus influenzae, Streptococus pneumoniae, Moraxella catarrhalis, Enterobacteriaceae (z.B. Klebsiella spp.), Salmonella enterica typhi • Enterokokken haben im Bronchialsekret keinen Krankheitswert
Di	• **Klinische Zeichen:** gesteigerter Husten mit purulentem Auswurf, Dyspnoe, Fieber, Auskultation: verschärftes Atemgeräusch, mittel- bis grob-blasige RGs, weniger: Giemen und Pfeifen (als Zeichen einer Obstruktion) • **Mikrobiologische Untersuchung des Sputums** (→ S. 103; Material muss zügig verarbeitet werden, weil sich sonst die Bakterienflora rasch ändert) Mikroskopie, Kultur (incl. Tbc-Diagnostik → Nachweis säurefester Stäbchen)
Th	• **Symptomatischen Therapie:** Antitussiva, schleimlösende Medikamente • **Antibiotische Therapie** - Amoxicillin + Clavulansäure - Cephalosporine der 2. Generation - Pneumokokkenwirksame Chinolone (Levofloxacin, Moxifloxacin) - Makrolide (Clarithromycin, Azithromycin); wirken gegenüber Haemophilus, nicht sehr gut (auch bei anderen Erregern gibt es Resistenzen)

1.5.4 Chronic obstructive pulmonary disease (COPD)

Def	Chronische Bronchitis (meist schon seit Jahren), Obstruktion ⇒ chronisch-obstruktive Bronchitis mit Emphysem
Rf	• **Umweltbedingungen:** Aufenthalt in engen, schlecht belüfteten Räumen • **Malnutrition:** z.B. Alkoholabusus, Leberzirrhose • **Starkes Zigarettenrauchen** → Invasion von kolonisierenden Keime der Bronchialschleimhaut • **Begleitende Infektionen** durch Viren (Influenzaviren, Rhinoviren) und Chlamydien bzw. Mykoplasmen können eine Exazerbation auslösen
Ko	• Patienten sind potentielle Träger von multiresistenten, nosokomialen Problemkeimen (meist zahlreiche Krankenhausaufenthalte in der Anamnese) • Fortschreitende, nicht reversible Umbauprozesse der Epithelien und der elastischen Faserelemente ⇒ Emphysem mit Gasaustauschstörung
Err	• Haemophilus influenzae, Streptoccocus pneumoniae, Moraxella catarrhalis, Enterobacteriaceae (darunter Klebsiella spp.) • Enterokokken: haben im Bronchialsekret keinen Krankheitswert
Di	• **klinische Zeichen:** gesteigerter Husten mit purulentem Sputum, Dyspnoe, Auskultation: starkes Giemen und Pfeifen, Herzrhythmusstörungen • **Blutgasanalyse:** meistens Hypoxämie, evtl. Hyperkapnie • **Röntgen:** zum Ausschluß von Infiltraten • **Bronchoskopie, bronchoalveoläre Lavage:** Zytologie (Granulozytenzahl), kultureller Erregernachweis im Bronchialsekret (→ S.103) • **Zur Objektivierung des Schweregrades der AECB** (= akute Exazerbation der chronischen Bronchitis), Grad I–III: Beurteilung von Dyspnoe, Sputummenge und Purulenz des Sputums, Blutgasanalyse
Th	• **Symptomatische Therapie:** schleimlösende Medikamente, ggf. Sauerstoff • **Antibiotische Therapie** (laut Empfehlungen der Paul-Ehrlich-Gesellschaft [PEG] – je nach Schweregrad): • Cephalosporine der 2./3. Generation • Aminopenicilline + β-Laktamase-Inhib. • Makrolide • Pneumokokkenwirksame Chinolone (Levofloxacin, Moxifloxacin) • Reservemittel: Carbapeneme

1.5.5 Bronchiolitis

Def	• Infektion und entzündliche Reaktion der terminalen luftleitenden Bronchiolen und der Übergangszone der gasaustauschenden Bronchiolen • V.a. im Säuglings- und Kleinkindalter (meisens in den Wintermonaten)
Ko	Evtl. proliferative, fibroblastenreiche Entzündung ⇒ nachgeschaltete Lufträume kollabieren
Err	• **Viren:** RSV, Parainfluenzaviren, seltener: Influenzaviren, Adenoviren • **Bakterien** (seltener): Mycoplasmen und Chlamydien
Di	• **Klinische Zeichen:** zu Beginn unspezifisch (Schnupfen, Husten, Auswurf, leichte Dyspnoe), im Verlauf Nasenflügelatmen, thorakale Einziehungen, kaum Fieber, zunehmende Obstruktion und Hypoxämie, Auskultation: leises Atemgeräusch, inspiratorisches Knistern, Giemen, Pfeifen

Th	• **Symptomisch:** schleimhautabschwellende Mittel, Bronchodilatatoren, ggf. O_2 • **Ggf. spezifische antimikrobielle Therapie:** z.B. Ribavirin gegen RSV • **Kortikosteroide** (oral)

1.5.6 Pneumonie

Lobärpneumonie

Def	Entzündl. Exsudat in Alveolen eines od. mehrerer Lungenlappen (v.a. Unterlappen)
Rf	• Rauchen • Aspiration • Z.n. Virusinfektion
Ko	Endogene Reaktivierung von Herpes labialis („Fieberbläschen") (→ S.14)
Err	• **Bakterien:** Pneumokokken, Staphylokokken (oft sekundär nach vorangegangener Virusinfektion), Haemophilus, Klebsiella pneumoniae • **Pilze:** Cryptococcus, Coccidioides (passagere Lungeninfiltration) • **Würmer:** Ascaris lumbricoides, Toxocara canis, Ancylostoma duodenale, Strongyloides stercoralis → können im Verlauf ihres Zyklus eine passagere Rundherdverschattung in der Lunge (eosinophiles Infiltrat) hervorrufen
Di	• **Klin. Zeichen:** Husten, Pleuraschmerz, Schüttelfrost, Fieber (Kontinua), Tachypnoe, Kreislaufdekompensation, abgeschwächtes AG, feinblasige RGs, Klopfschalldämpfung • **Bildgebende Verfahren** (Rö, CT) • **Mikrobiologische Untersuchung** - **Blutkultur** (→ S.104) - **Urin:** Antigennachweis von Legionella (Serovar 1), Pneumokokken - **Respiratorische Sekrete:** ggf. Mikroskopie und Kultur (→ S.103)
Th	• **Kalkulierte Therapie** - Amoxicillin + Clavulansäure - Piperacillin + Tazobactam - Makrolide (Clarithromycin, Azithromycin) - Pneumokokkenwirksame Chinolone (Levofloxacin, Moxifloxacin) - Doxycyclin • **Spezielle Therapie** - **Pneumokokken:** · Penicillin G; im Ausland jedoch häufig penicillinresistente Stämme · Pneumokokkenwirksame Chinolone (Levofloxacin, Moxifloxacin) · Resistenzen gegen Makrolide bei etwa 20% der Pneumokokkenstämme - **Pilze:** Fluconazol, Voriconazol, Posaconazol
Prä	Influenza-Impfung, Pneumokokkenimpfung (→ S.113)

Atypische Pneumonie (interstitielle Pneumonie)

Def	Entzündliches Exsudat v.a. im Interstitium (in Alveolen zunächst keine Exsudate)
Ko	Fibrosierungsneigung des Exsudats ⇒ evtl. Umbau des Lungenparenchyms
Err	• **Viren:** Influenza A (epidemisches Auftreten; schwere Verläufe v.a. durch aviäre Stämme = „Vogelgrippe"), Influenza B (sporadisches Auftreten), RSV, Masern, humanes Metapneumovirus (Kinder), CMV (bei Abwehrschwäche) • **Bakterien:** Mycoplasma pneumoniae, Chlamydophila (früher: Chlamydia) pneumoniae, seltener: Ureaplasma, Legionella • **Pilze:** Pneumocystis jiroveci (bei Abwehrschwäche, Frühgeborene)

Di	• **Klinische Zeichen:** reduzierter AZ, langsam ansteigendes Fieber, quälender, unproduktiver Husten, Dyspnoe, Zyanose, Auskultation meist unauffällig • **Röntgen:** ausgedehnte, klein- bis grobfleckige, streifige, zur Konfluenz neigende Verschattungen und „Milchglastrübungen"
Th	• **Influenza** - Initialphase, Prophylaxe: Amanta-dine/ Neuraminidase-Inhibitoren (Oseltamivir, Zanamivir) → hemmen Fortschreiten und Kontagiosität - Ggf. Therapie einer bakteriellen Superinfektion (z.B. mit Staph. aureus) • **Chlamydia, Mycoplasma, Ureaplasma** - Makrolide, z.B. Azithromycin - Chinolone, z.B. Levofloxacin, Moxifloxacin - Tetrazykline, z.B. Doxycyclin - Keine Beta-Laktam-Antibiotika • **Legionella** - Chinolone, z.B. Levofloxacin, Moxifloxacin - Makrolide, z.B. Roxithromycin, Clarithromycin, Azithromycin - Beta-Laktame wirken nur in vitro! • **Pneumocystis** - Trimethoprim + Sulfonamid (Cotrimoxazol): oral oder i.v. - Atovaquone (oral) - Pentamidin (als Inhalation od. i.v.) - Echinocandin, z.B. Caspofungin (i.v.)
Prä	• Aktive Impfung der Risikogruppen gegen Influenza A (→ S.114) - Die aktuellen Epidemiestämme sollten im Impfstoff vertreten sein - Für ältere Menschen gibt es Präparate mit hohem Antigengehalt • Mund-Nasen-Schutz für Patienten und Ärzte (z.B. eine FFP-1-Maske)

Schwere, ambulant erworbene Pneumonie

Def	• Patient bringt die schwere, meist bakterielle Lungenentzündung bereits ins Krankenhaus mit, oder sie entsteht innerhalb von 48 h nach Hospitalisation • Erreger gelangen meist aerogen, seltener hämatogen in die Lunge
Rf	• Abwehrschwäche (Alter, Alkohol, Rauchen) • Vorausgegangene Virusinfektion
Ko	• Beteiligung der Pleura (→ S.29) • Septische Ausbreitung (→ S.45)
Err	• **Bakterien:** Pneumokokken, Chlamydophila (früher Chlamydia) pneumoniae, Mycoplasma pneumoniae, Chlamydia psittaci (Papageienkrankheit), Coxiella burnetii (Q-Fieber), Legionella pneumophila, Mycobacterium tuberculosis, Moraxella catarrhalis, Haemophilus influenzae, Staph. aureus (speziell cMRSA), Burkholderia pseudomallei (selten; importiert aus Südostasien) • **Viren:** z.B. Influenzaviren, RSV (eher selten) • **Pilze:** z.B. Cryptococcus und Pneumocystis (nur bei abwehrgeschwächten Pat.), dimorphe Pilze, z.B. Coccidioides, Histoplasma (importiert aus Endemie- Gebieten) • **Würmer:** Echinococcus, Strongyloides, Ascariden (selten)

Di	• **Anamnese:** Hinweise auf die Ätiologie • **Klinische Zeichen:** Husten, Brustschmerz, vermehrter, purulenter Auswurf, ggf. Hämoptyse, Dyspnoe, Tachypnoe (> 20/min), Temperatur > 38,5°C (oder < 36,5°C), typischerweise Fieberbläschen an den Lippen (= rekurrierende HSV Infektion), Kopf- und Gliederschmerzen, Nachtschweiß, Herzfrequenz > 90 Schläge/min, evtl. schwere Kreislaufprobleme • **Bildgebende Verfahren** (Rö, CT): einzelne Knötchen bis große Infiltrate • **Bronchialsekret** (→ S.103) - **Mikroskopie:** Zytologie (> 25 Granulozyten pro Gesichtsfeld bei 100-facher Objektiv-Vergrößerung), mikroskopischer Keimnachweis - **Kultureller Keimnachweis** - **Antigennachweis:** Influenzaviren (A + B) • **Blutuntersuchung:** Leukozytose > 12 000/mm^3, Blutkultur (→ S.104) • **Urin:** Antigen von Legionella und Pneumokokken (Schnelldiagnose)
Th	**Antibiotikatherapie** (laut Empfehlungen der Paul-Ehrlich-Gesellschaft (PEG) - je nach Alter, Schweregrad und Erreger): • **Junge Patienten, guter AZ, keine Komorbidität:** - Ampicillin/Amoxicillin (wirkt nicht gegen Legionellen), evtl. + Makrolid - Chinolone (Levofloxacin, Moxifloxacin) • **Ältere Patienten** (meist häufige Krankenhausaufenthalte in der Vorgeschichte, daher evtl. Infektion durch gramnegative Stäbchenbakterien): - Cephalosporine der 2. oder 3. Generation - Chinolone (Levofloxacin, Moxifloxacin) • **Patient mit neurologischen od. Bewusstseinsstrg.** (Aspirationsrisiko ↑): Cephalosporine der 3. und 4. Generation • **MRSA-Infektion:** Linezolid, Daptomycin (nicht Vancomycin) • **Influenza:** Neuraminidase-Inhibitoren (Oseltamivir, Zanamivir)
Prä	Impfung: Pneumokokken (→ S.113), Haemophilus influenzae b , Influenza (→ S.114)

Nosokomial erworbene Pneumonie

Def	Beginn > 48–72 h nach stationärer Aufnahme (bis zu 1 Woche nach Entlassung)	
Rf	• Bettlägerigkeit • Bewusstlosigkeit • Muskelschwäche • Alter • Aspiration • Künstliche Beatmung (VAP = "ventilator associated pneumonia")	• Lungenembolie • Sepsis • Abwehrschwäche • Raucher • Alkoholkonsum • Diabetes • Neutropenie
Err	• **Bakterien:** Enterobacteriaceae (Klebsiella pneumoniae, E. coli, Enterobacter aerogenes), Pseudomonas aeruginosa, Acinetobacter baumannii, Stenotrophomonas maltophilia, Legionella pneumophila, Haemophilus influenzae, Staph. aureus (Vorsicht: hMRSA und cMRSA ⇒ abszedierende Pneumonie!), Streptococcus pneumoniae, Chlamydophila (Chlamydia) pneumoniae, Mycoplasma pneumoniae • **Viren:** Influenza (oft sekund. Infektion mit Bakterien, speziell Staph. aureus), CMV • **Pilze:** Aspergillus fumigatus, Pneumocystis jiroveci, Zygomyzeten bei Neutropenie, selten: Candida spp.	

Di	• **Klinische Zeichen:** siehe schwere, ambulant erworbene Pneumonie (→ S.25) • **Bildgebende Verfahren:** Röntgen, CT, MRT • **Blutgasanalyse:** Hypoxie, Hyperkapnie • **Klinische Chemie, Blutbild:** Leukozytose, CRP ↑, Procalcitonin ↑, Fe-Spiegel ↓ • **Mikrobiologische Untersuchungen** - **Sputum, besser BAL oder Trachelasekret** (→ S.103): Mikroskopie, Kultur (mit Antibiogramm), Antigennachweis (Pneumocystis, Influenza), PCR (Mycoplasma, Pneumocystis, Influenza, CMV → Speziallabor) - **Urin:** Antigennachweis von Legionella - **Blut** (→ S.104): Blutkultur (mit Antibiogramm), pp65 (Antigennachweis von CMV in Leukozyten), PCR (diverse Bakterien und Pilze → Speziallabor), Serologie (Antikörper: Legionella, Mycoplasma, Chlamydia, Influenza; Antigen: Aspergillus)
Th	• **Allgemein:** pflegerische Maßnahmen, O_2-Gabe, Kreislaufstabilisierung • **Kalkulierte antiinfektiöse Therapie** (an Pseudomonas denken!) - Imipenem - Piperacillin +Tazobactam - Cefotaxim - Levofloxacin - Evtl. auch Kombination mit Clarithromycin - Ggf. nach Diagnose deeskalieren • **Gezielte antiinfektiöse Therapie** - **Enterobacteriaceae:** Imipenem, Piperacillin + Tazobactam, Cefotaxim, Levofloxacin, Ciprofloxacin (ESBL-Bildner: Imipenem, Ertapenem) - **Pseudomonas:** Imipenem, Ciprofloxacin, Levofloxacin, Ceftazidim - **Acinetobacter:** Piperacillin + Tazobactam, Cefotaxim, Imipenem, Levofloxacin (Resistenzmuster beachten!) - **Stenotrophomonas:** Cotrimoxazol - **Haemophilus:** Amoxicillin, Moxifloxacin, Levofloxacin - **Staph. aureus:** Flucloxacillin, Amoxicillin, Levofloxacin, Moxifloxacin - **MRSA:** Linezolid - **Streptococcus pneumoniae:** Penicillin (hochdosiert → 5 Mio. IE mehrmals tägl.), Amoxicillin, Piperacillin + Tazobactam, Levofloxacin, Moxifloxacin - **Legionella:** Levofloxacin, Moxifloxacin, Clarithromycin - **Chlamydia, Mycoplasma:** Clarithromycin, Levofloxacin, Moxifloxacin - **Aspergillus:** Voriconazol, Posaconazol, Caspofungin, liposomales Amphotericin B - **Pneumocystis:** Cotrimoxazol, ggf. antiparasitäre Medikamente (Pentamidin: Inhalation oder oral; Atovaquon oral), Antimykotika (Caspofungin) - **Cytomegalie-Virus:** Gancyclovir, Foscarnet (Die Dauer der Antibiotikatherapie lässt sich mithilfe des Serumspiegels von Procalcitonin steuern → S. 46)
Prä	• Hygienische Maßnahmen • Meldepflicht bei gehäuftem Auftreten u. bei multiresistenten Keimen (→ S.101) • Bei Neutropenie ggf. prophylaktische Gabe von Posaconazol (senkt Inzidenz der Aspergillose)

1.5.7 Lungentuberkulose

Def	Der häufigste, primäre Manifestationsort einer Tuberkulose ist die Lunge
Ko	• Bei Europäern meist blander Verlauf, Lokalisation meist nur im Parenchym • Bei Fortschreiten kann Infektionsherd Anschluss an die Bronchien erhalten ⇒ Bakterien können nach außen gelangen ⇒ offene (= ansteckende) Tbc • Disseminierung in verschiedene andere Organe (Niere, Meningen, Haut, Knochen) droht v.a. bei Abwehrschwäche
Err	Mycobakterium tuberculosis, seltener M. africanum, M. bovis, M. microti; atypische Mykobakterien: bei Abwehrschwäche, z.B. AIDS
Di	• **Klinische Zeichen:** schleichender Beginn mit Fieber, Nachtschweiß, evtl. Gewichtsabnahme, später: Husten mit blutigem Auswurf (bei offener Tbc) • **Röntgen:** je nach Stadium der Infektion des Lungenparenchyms; Hiluslymphknotenvergrößerung, im Spätstadium evtl. mit Verkalkungen • **Mikrobiologie** – **Sputum** (→ S.103): · **Mikroskopie:** schneller Nachweis bei offener Tuberkulose durch M. tuberculosis (Ziehl-Neelsen-Färbung oder Auraminfärbung) · **PCR** (atypische Mykobakterien sind nicht mit allen PCR-Tests erkennbar) · **Kultur:** Nachweis dauert einige Wochen; bei atypischen Mykobakterien kann die Zeit bis zu einer positiven Kultur kürzer oder länger sein – **Resistenzbestimmung:** zu Beginn und ggf. bei Therapieversagen (Resistenzen v.a. bei Immigranten); bei atypischen Mykobakterien stark abweichendes Antibiogramm im Vergleich zu M. tuberculosis • **Mendel-Mantoux-Hauttest** (nicht immer zuverlässig) • **ELISPOT-Technik:** Nachweis von zirkulierenden spezifischen T-Lymphozyten im Blut (kann zwischen M. tuberculosis und M. bovis unterscheiden) • **Histologie:** granulomatöse Herde mit säurefesten Stäbchen
Th	• Kombinationstherapie, abhängig von Erreger und Krankheitsstadium, z.B. bei Infektion mit M. tuberculosis: initial für 2 Monate täglich INH + Rifampicin + Pyrazinamid + Streptomycin oder Ethambutol, dann täglich INH + Rifampicin • Infektion mit atypischen Mykobakterien: andere Kombinationen, z.B. Chinolone (Levofloxacin, Moxifloxacin)

1.5.8 Lungenabszess

Def	• Durch Besiedelung von vorgeschädigten Arealen (durch tumoröse, traumatische, hämorrhagische oder infektiöse Noxen) können Bakterien eitrige Infektionen hervorrufen (evtl. mit Anschluss an das Bronchialsystem) • DD: Echinococcus-Zyste	
Rf	• 50%: Pneumonie (→ S.24) bzw. eitrige Bronchitis (→ S.21) • Hämatogene Streuung	• Mediastinitis • Bronchogene Erregeraufnahme, z.B. durch Aspiration
Err	• Staphyloccous aureus (cMRSA!) • Streptokokken	• Pseudomonas aeruginosa • Anaerobier

Di	• **Klinische Zeichen:** schweres Krankheitsbild mit Fieber, Schüttelfrost, Dyspnoe, Husten • **CT:** solide Raumforderung • **Mikrobiologische Untersuchung** (Trachealsekrets → S. 103: enthält Erreger bei Anschluss an das Bronchialsystem): Mikroskopie, Kultur (auf Anaerobier achten!) • **Ggf. Feinnadelbiopsie** (CT-gesteuert)
Th	• **kalkulierte antibiotische Therapie** - Imipenem - Cefotaxim + Metronidazol - Levofloxacin + Metronidazol • **Staphylokokken- und Streptokokkeninfektion:** Linezolid • **Ggf. chirurgische Resektion**

1.5.9 Pleuritis, parapneumonischer Pleuraerguss, Pleuraempyem

Def	• Rippenfellentzündung • DD: karzinomatöse Pleuritis
Rf	• Pneumonie (→ S.24) ⇒ parapneumonischer Pleuraerguss • Abdominelle Entzündungen (können eine basale Pleuritis hervorrufen)
Ko	Zunächst exsudatives Stadium mit Ansammlung von fibrinhaltiger oder hämorrhagischer Flüssigkeit in der Pleurahöhle ⇒ ggf. Einwanderung von Granulozyten ⇒ eitriger Erguss (Pleuraempyem); gelegentlich können Eiterbildungen durch Fistelbildung drainieren; wenn keine Drainage erfolgt: Organisation durch Einwanderung von Fibroblasten ⇒ ggf. Ausbildung narbiger Strikturen und Adhäsionen der Lungenflügel an die Pleura ⇒ ggf. Verkalkungen bis zum konstriktiven Panzer ⇒ Beeinträchtigung der Verschieblichkeit der Lunge und der Lungenfunktion
Err	• **Viren:** Enteroviren, speziell Coxsackie-B-Viren • **Bakterien:** Streptokokken, Staphylokokken, Haemophilus, Enterobacteriaceae, Anaerobier, Mycobacterium tuberculosis
Di	• **Klinische Zeichen:** Dyspnoe, atemabhängige Schmerzen (Pleurodynie), Perkussion u. Auskultation: Pleurareiben, abgeschwächtes oder fehlendes AG, Stimmfremitus • **Bildgebende Verfahren:** Röntgen (homogene Verschattung des costophrenischen Winkels bei Flüssigkeitsmengen > 100–200 ml), Sonographie (echofreie Areale ab 50 ml) • **Ggf. Pleurapunktion** (→ S.103) - **Mikrobiologische Untersuchung:** Mikroskopie und Kultur - **Chemische Analyse:** ein Exsudat ist sehr eiweißreich (enthält LDH) - **Zytologie:** Leukozyten ↑ bei infektiöser Genese
Th	• **Flüssigkeitsdrainage** • **Ggf. fibrinolytische Therapie** mit Streptokinase bzw. Urokinase • **Antibiotische Therapie bei gleichzeitiger Pneumonie** - Amoxicillin + Clavulansäure - Cephalosporine der 2. Generation - Moxifloxacin, Levofloxacin

1.6 Magen-Darm-Trakt

1.6.1 Gastritis, Peptisches Ulcus

Def	• Übermäßige Produktion von Säure durch die Belegzellen (Parietalzellen) des Magenepithels fördert Infektion mit Helicobacter pylori (H.p.) ⇒ chronisch entzündliche Reaktion der Schleimhäute (Gastritis) • Infektion bleibt oft lebenslang symptomlos • H.p. fördert Salzsäureproduktion durch die Belegzellen ⇒ Schleimhautschädigung ↑↑ ⇒ ggf. Entwicklung eines Ulcus
Rf	• Rauchen • Alkohol
Ko	• Blutung • Perforation • Selten: Entwicklung eines MALT-Lymphoms oder Adenocarcinoms
Err	• Helicobacter pylori • Selten: Helicobacter heilmannii
Di	• **Atemtest** • **Mikrobiologische Untersuchung** - **Biopsie** (→ S.105): Kultur, Resistenzbestimmung, Ureasenachweis, ggf. PCR - **Stuhl** (→ S.105): Antigennachweis
Th	**Tripple oder Quadruple Therapie:** Protonenpumpeninhibitor (Omeprazol, Lansoprazol, Pantoprazol) plus Clarithromycin/Azithromycin + Metronidazol oder plus Clarithromycin/Azithromycin + Metronidazol + Amoxicillin

1.6.2 Enteritis, Gastroenteritis, Enterocolitis

Def	Entzündung der Schleimhaut von Dünndarm (Enteritis), Magen und Dünndarm (Gastroenteritis) bzw. Dünn- und Dickdarm (Enterocolitis)
Rf	• Epidemien • Schlechte hygienische Verhältnisse • Alter (wenig Magensäure) • Therapie mit Protonenpumpeninhibit.
Ko	• Massiver Wasser- und Elektrolytverlust (Exsikkose) • Postinfektiös ggf. persistierende Darmfunktionsstörungen • Reaktive Arthritis (→ S.58)
Err	• **Infektion** - **Viren:** Noroviren, Adenoviren (Mastadenovirus Typ 40, 41), Rotaviren - **Bakterien:** Salmonella enterica (> 1500 Serovarietäten; am häufigsten Enteritidis, Typhimurium), Campylobacter jejuni, Yersinia enterocolitica, Escherichia coli (EHEC, ETEC, EPEC), Shigella spp., Clostridium difficile, Plesiomonas, Vibrio cholerae, Vibrio parahaemolyticus - **Protozoen:** Giardia intestinalis, Entamoeba histolytica, Cryptosporidium, Balantidium coli, Plasmodium falciparum (!) - **Pilze:** Candida spp. (deren Rolle wird oft überschätzt) - **Würmer:** Enterobius vermicularis, Taenia saginata, seltener Taenia solium, Ascaris lumbricoides, selten importierte Wurmkrankheiten • **Intoxikation:** Staph. aureus, Clostridium perfringens/botulinum, Bacillus cereus

Di	• **Klinische Zeichen:** Übelkeit, Erbrechen, Fieber (fehlt bei einigen Erregern), schwere Tenesmen bei Ruhr, Durchfälle sind je nach Erreger von unterschiedlicher Konsistenz (Übergänge sind möglich): - **wässrig (trüb):** Vibrio cholerae, ETEC - **blutig:** Shigella, EHEC, Entamoeba, selten Salmonella - **schleimig:** Cl. difficile, EPEC - **breiig:** diverse Bakterien und Viren • **Mikrobiologische Untersuchung** - **Stuhl** (→ S.105): Mikroskopie/Kultur (→ Parasiten, Wurmeier) - **Blut** (→ S.104): · **Evtl. Blutkulturen** · **Ggf. Blutausstrich** bei Hinweis auf Malaria · **Serologie:** Antikörpernachweis mancher Erreger (Salmonella, Yersinia, Entamoeba, Plasmodium); ein positiver Nachweis ist jedoch meist erst nach abgelaufener Erkrankung möglich
Th	• **Orale Rehydratation** (z.B. Salzstangen, gesüßte Getränke, ausgewogene Trinklsg.) • **Ggf. parenterale Ernährung und Flüssigkeitsbilanzierung** • **Antiinfektiva** - **Bakterielle Genese:** Chinolone, z.B. Ciprofloxacin (→ v.a. enterale Ausscheidung) - **Amöben und Lamblien:** Metronidazol - **Rundwürmer:** Pyrantel (evtl. Pyrvinium) - **Bandwürmer:** Mebendazol, Niclosamid
Prä	• Penible Lebensmittelhygiene • Kühlkette beachten • Hände- und Flächendesinfektion • Ggf. Mundschutz (bei Noroviren)

1.6.3 Appendizitis/Typhlitis/Pseudoappendizitis

Def	• Entzündung der Appendix vermiformis (sog. "Blinddarmentzündung"); ausgelöst durch die lokale Darmflora • Pseudoappendizitis = Infektion der mesenterialen Lymphknoten; klinisch ähnlich der Appendizitis
Ko	Ausdehnung auf Umgebung bis hin zur Perityphlitis und Peritonitis (→ S.34)
Err	• **Appendizitis:** meist vergrünende Streptokokken, auch andere Keime der lokalen Darmflora (oft Mischinfektion) • **Pseudoappendizitis:** Yersinia enterocolitica/pseudotuberculosis, Parvovirus B19
Di	• **Klinische Zeichen:** uncharakteristischer Beginn mit Übelkeit, Erbrechen, diffusen Bauchschmerzen, Druckschmerz über McBurney-Punkt, später: Abwehrschmerzen der Bauchmuskeln (typisch: Loslaßschmerz im rechten Unterbauch = Blumberg'sches Zeichen), Fieber (axillo-rektale Temperaturdifferenz); im hohen Alter: oft uncharakteristischer und subakuter Verlauf • **Blutbild, klinische Chemie:** Leukozytose, BSG und CRP ↑ • **Sonographie:** Wandödem, Dilatation des Lumens
Th	• **Chirurgische Intervention** • **Unterstützende Antibiotikatherapie** - Amoxicillin + Clavulansäure - Besser: Ceftriaxon + Metronidazol - Ciprofloxacin + Metronidazol - Ggf. Imipenem oder Tigecyclin

1.6.4	Divertikulitis
Def	• Entzündung eines Divertikels der Darmschleimhaut • Meistens im Dickdarm (v.a. im Sigmabereich)
Rf	• Divertikulose durch Schwäche der Darmmuskulatur • Ballaststoffarme Ernährung • Bewegungsmangel
Ko	• Übergreifen der Entzündung auf die Umgebung • Perforation mit Peritonitis (→ S.34) • Spätkomplikation: Stenose
Err	Meist Mischinfektion durch diverse Bakterien der Darmflora (Enterobacteriazeae, Enterokokken, vergrünende Streptokokken, Anaerobier)
Di	• **Klinische Zeichen:** Bauchschmerzen, v.a. im linken Unterbauch („Links-appendizitis"), evtl. tastbarer walzenartiger Tumor, Abwehrspannung bei Peritonitis, evtl. Diarrhoe, evtl. im Wechsel mit Obstipation bis hin zur Ileussymptomatik, später Stenosen- oder Fistelbildung • **Koloskopie** • **Bildgebende Verfahren:** Sonographie, Röntgen, CT • **Blutbild, klinische Chemie:** Leukozytose, CRP-Erhöhung
Th	• **Konservative Therapie** (bei unkomplizierter Divertikulitis): Bettruhe, Nahrungskarenz oder ballaststoffarme Schonkost in der akuten Phase; später ballaststoffreiche Kost • **Antibiotische Therapie** - Ceftriaxon + Metronidazol (Cave: Enterokokkenlücke) - Metronidazol + Cotrimoxazol/Chinolon (Ciprofloxacin, Levofloxacin) • **Ggf. chirurgische Intervention:** bei Komplikationen wie z.B. Perforation
Prä	faserreiche Kost zur Stuhlregulation

1.6.5	CDAD (Clostridium difficile-associated diarrhoea)
Def	• Pseudomembranöse Colitis durch Clostridium difficile • Schleimhautschädigung durch Toxin A und B des Erregers • Meist nosokomiale Infektion (möglich ist auch eine ambulante Erkrankung, auch bei jungen Patienten) • Infektionsdosis ist extrem niedrig (ca. 100 Keime)
Rf	• **Z.n. Antibiotikatherapie** (Clindamycin, Ampicillin, Amoxicillin, Ceftriaxon, Chinolone, v.a. Ciprofloxacin, Moxifloxacin) ⇒ Zerstörung der Dickdarmflora (möglich jedoch auch ohne Antibiotikatherapie in der Vorgeschichte) • **Fehlen der schützenden Magensäure** (z.B. im Alter und bei Gabe von Protonenpumpeninhibitoren) ⇒ oral aufgenommene Bakteriensporen gelangen leichter in den Dickdarm
Ko	In schweren Fällen: Schock, Kolonperforation, Megakolon
Err	Toxinbildende Stämme von Clostridium difficile • Meistens durch Stämme des Ribotyp 01 und 106 • Die gefährlichsten sind Stämme des Ribotyp 027 (produzieren mehr Toxin)

Di	• **Klinische Zeichen:** Strg. des Allgemeinbefindens, Bauchkrämpfe, Diarrhoe, z.T. blutige Stühle • **Koloskopie:** ödematöse, leicht verletzliche Schleimhaut mit gelblichen Plauques • **Mikrobiologische Stuhluntersuchung** (→ S.105) - Nachweis von Toxin A und B (ELISA) - Kultureller Erregernachweis (gelingt nicht in allen Fällen, ist auch nicht immer erforderlich, jedoch für die Typisierung und Erkennung von epidemiologischen Zusammenhängen sinnvoll) - Positiver Nachweis von Toxinen oder Bakterien bedeutet nicht zwingend einen pathologischen Befund
Th	• **Allgemein:** Absetzen der kausalen Antibiotikatherapie (wenn möglich), Ausgleich des Elektrolytverlusts • **Therapeutische antibiotische Therapie** - Metronidazol oral = Mittel der 1. Wahl (alternativ i.v.; wirkt jedoch bei starker ödematöser Schwellung der Darmschleimhaut nicht sicher, da die Substanz schlecht in die betroffenen Areale penetriert) - Vancomycin oral (ggf. auch peranal)
Prä	• Strikte Isolation des Erkrankten verhindert Ausbreitung im Krankenhaus • Flächendesinfektion mit sauerstoffabspaltendem Mittel (Dismozon®, Perform®) • Händewaschen und Händedesinfektion mit alkoholischen Mitteln • Bei der Auswahl von Antibiotika an Kollateralschäden denken! (v.a. bei Antibiotika mit breitem Wirkspektrum, die über Galle und Darm ausgeschieden werden)

1.6.6 Nekrotisierende Enterocolitis (NEC)

Def	Ischämie des Darms mit schwerem, septisch-toxischem Schockzustand
Rf	• Unreife Frühgeborene • V.a. nach intrapartalem Kreislaufkollaps ⇒ Minderdurchblutung und Hypoxie des Darmes ⇒ Permeabilitätsstörung ⇒ begünstigt Durchwanderung von Bakterien • Auch wenig pathogene Keime der Normalflora können dann bei der Erstbesiedelung überhandnehmen und eine NEC auslösen
Err	• Koagulase-negative Staphylokokken • Andere Bakterien • Anaerobier (Clostridien, Bacteroides)
Di	• **Klinische Zeichen:** initial galliges Erbrechen, blutig-schleimige Stühle, geblähtes Abdomen, später (bei bakterieller Durchwanderung der Darmwand) Abwehrspannung, Sepsis (→ S.45) • **Blutbild, Klinische Chemie:** Leukozytose mit Linksverschiebung, CRP ↑, metabolische Azidose • **Röntgen (Abdomenübersicht):** Spiegelbildungen (→ Ileus), Pneumatosis der betroffenen Darmschlingen, bei Perforation freie Luft unter dem Zwerchfell • **Sonographie:** verdickte Darmwände, freie Flüssigkeit im Abdomen, im fortgeschrittenen Stadium auch Luft unter dem Zwerchfell • Engmaschige Kontrollen wegen der raschen Entwicklung!
Th	• **Chirurgische Intervention** (v.a. bei Perforation) • **Volumensubstitution** • **Antibiotikatherapie:** z.B. Imipenem oder Ceftriaxon

1.6.7 Peritonitis

Def	Zirkumskripte oder diffuse Entzündung des Bauchfells, anfangs serös, dann evtl. fibrinös und eitrig • **Primäre Peritonitis** - im Kindesalter: durch hämatogene Aussaat - im Erwachsenenalter: spontane bakterielle Peritonitis, tuberkulöse Peritonitis • **Sekundäre Peritonitis:** nach Darmperforation, Trauma, OP • **Tertiäre Peritonitis:** durch mehr od. weniger pathogene Keime bei Immunschwäche • **Quartäre Peritonitis:** iatrogene Infektion (katheterassoziierte Entzündung, intraabdomineller Abszess, z.B. im Douglas`schen Raum)
Err	• **Meist Mischinfektion der Darmflora** • **Bakterien:** Enterobakteriazeae (E. coli, Klebsiella, Proteus, Enterobacter), Pseudomonas, Enterokokken, Streptokokken, bei primärer Peritonitis im Kindesalter: Pneumokokken, anaerobe gramneg. Stäbchen (Bacteroides, Porphyromonas, Prevotella) • **Pilze:** Candida spp. als Komplikation einer sekundären u. tertiären Peritonitis
Rf	• Trauma, OP • Vaskuläre Störungen • Entzündungen, z.B. Magen (→ S.30), Appendix (→ S.31), Divertikeln (→ S.32) • Chronisch ambulatorische Peritonealdialyse (CAPD): Infektion von außen durch Haut- bzw. Umweltkeime • Infektion mit darmpathogenen Keimen (z.B. Salmonella enterica typhi bzw. anderen Serovarietäten, Shigella, enteroinvasive E. coli, Entamoeba histolytica) kann zu einer Perforation der Darmwand führen (→ S.30)
Ko	• Mitbeteiligung anderer abdomineller Organe, z.B. Pankreas (→ S.38) • Verklebungen, später Bridenbildung ⇒ ggf. Ileus
Di	• **Klinische Zeichen:** Schmerz („akutes Abdomen") mit reflektor. Abwehrspannung, Übelkeit, Erbrechen, Fieber, ggf. Schock, Darmparalyse (schwerwiegendes Zeichen!) • **Blutbild, klinische Chemie:** Leukozytose, CRP oder Procalcitonin ↑ • **Sonographie:** Verdickungen der Darmwände durch Entzündung und Fibrinauflagerungen, Flüssigkeitssequestration, evtl. freie Luft • **Bildgebende Verfahren:** Röntgen (Abdomenleeraufnahme: Ileus ⇒ Spiegelbildung, ggf. freie Luft), CT (v.a. zur Abklärung der postop. Peritonitis) • **Laparotomie** (ultima ratio) mit Materialgewinnung für mikrobiologische Untersuchungen (Mikroskopie und Kultur)
Th	• **Primäre und CAPD-Peritonitis:** Antibiotikatherapie über mindestens 7d mit - Ertapenem - Tigecyclin - Ceftriaxon + Metronidazol - Ciprofloxacin/Levofloxacin + Metronidazol • **Andere Peritonitisformen** - **Chirurg. Herdsanierung** → Beseitigung der Fibrinbeläge, Ableitung der Exsudate - **Antibiotikatherapie:** wie oben, ggf. adaptieren, z.B. beim Nachweis von Enterokokken oder Pseudomonas - **Bei Hefepilzbefall:** · **Candida albicans** (meistens): Fluconazol · **Nicht-Albicansarten** (z.B. C. glabrata und C. krusei): Echinocandine

1.6.8 Hepatitis	
Def	Leberentzündung (herdförmig oder diffus) mit Leberzellschädigung oder -zerfall • **Hepatitis A:** Lebensmittelinfekt. (Sea Food, v.a. Muscheln); Inkubationszeit 4–6 Wo. • **Hepatitis B und C:** Übertragung durch Blut (z.B. Posttransfusion, Drogenabusus, Mutter-Kind) und Geschlechtsverkehr; Inkubationszeit 8–12 Wo. (Hep. B) bzw. 3 Mon. oder länger (Hep. C) • **Hepatitis D:** nur bei gleichzeitiger Infektion mit Hepatitis B • **Hepatitis E:** nur in tropischen Ländern • **Andere Erreger:** können bei system. Infektion eine Begleithepatitis auslösen (s.u.)
Ko	• Meistens heilen die viralen Hepatitiden nach einer akuten Phase aus • Chronische Verläufe mit fibrotischem Umbau des Leberparenchyms und Zirrhose bei Hepatitis-B-,- C- und -D-Infektionen • Primäres Leberzellkarzinom bei chronischer Hepatitis-B-Infektion (v.a. bei gleichzeitigen anderen Noxen, z.B. Mykotoxine) • Hepatorenales Syndrom
Err	• **Spezielle Erreger:** Hepatitis-A,-B-,-C-,-D-,-E-Virus • **Andere Erreger** - **Viren:** CMV, EBV, Gelbfiebervirus, Hantavirus - **Bakterien:** Coxiella burnetii, Brucella spp., Francisella tularensis, Salmonella enterica typhi, Leptospira icterohaemorrhagiae - **Protozoen:** Entamoeba histolytica, Leishmania donovani - **Würmer:** Schistosoma spp., Echinococcus spp.
Di	• **Klinische Zeichen:** Appetitverlust, schlechtes Allgemeinbefinden, Sklerenikterus, generalisierter Ikterus oder anikterischer Verlauf, Hepatomegalie • **Blutuntersuchung** - **Klinische Chemie:** Erhöhung von Bilirubin, Transaminasen (v.a. ALT) - **Mikrobiologische Untersuchung** (→ S.104): · **Antikörper im Serum** (ELISA, Immunoblot): bei Hepatitis C erfolgt eine Serokonversion oft erst nach Monaten · **PCR:** zur Ermittlung der Viruslast (z.B. zur Therapiekontrolle) und zur Genotypisierung (⇒ Prognosewertung) • **Evtl. Histologie:** zum Nachweis von Leberveränderungen
Th	• **Virale Hepatitis** - **Antivirale Therapie:** meist nicht nötig/nicht möglich - **Chronische Hepatitis B:** PEG-Interferon + Nukleosidanalogon - **Chronische fortschreitende Hepatitis C:** PEG-Interferon + Ribavirin • **Bakterielle oder parasitäre Infektionen (selten):** antimikrobielle Therapie
Prä	• **Hepatitis-A-Impfung** (→ S.115): für alle Personen < 60 Jahren vor Reisen in subtropische / tropische Länder; ältere Personen haben die Infektion meist durchgemacht und sind vermutlich immun • **Hepatitis B-Impfung** (→ S.115): möglichst schon im Kindesalter; schützt mit > 90%iger Wahrscheinlichkeit (Non responder sind jedoch möglich); ggf. Überprüfung des Impferfolgs

1.6.9 Cholangitis/Cholezystitis

Def	• Ödmatöse oder eitrige Entzündung der intra- und extrahepatischen Gallenwege • oft mit Beteiligung der Gallenblase
Rf	• Gallestau (durch obstruierende Gallensteine, Pankreaskopftumor oder Ascaris lumbricoides in der Papilla vateri) ⇒ aszendierende Infektion • Seltener: deszendierende Infektion durch Erreger, die sich in der Leber vermehrt haben (z.B. Salmonella enterica)
Ko	• Chron. Trägerstadium, wenn Erreger längerfristig die Gallenwege kolonisieren (ohne immer eine Entzündung zu verursachen) ⇒ Patient wird zum Dauerausscheider • Fibrotisch-sklerosierende Reaktion in den entzündeten Gallenwegen bei länger anhaltender Infektion
Err	• **Keime der Darmflora:** z.B. Enterobacteriaceae (speziell E. coli, Klebsiella, Proteus, Salmonella), Enterokokken, vergrünende Streptokokken, Pseudomonas, Anaerobier • **Pilze:** Candida spp.
Di	• **Klinische Zeichen:** intermittierendes Fieber, Ikterus, örtliche Schmerzen, die in die rechte Schulter ausstrahlen, Erbrechen • **Blutkultur** (häufig septische Ausbreitung; → S. 104) • **Mikrobiologie** (endoskop. gewonnene Gallenflüssigkeit/Punktat→ S. 105): Mikroskopie und Kultur
Th	• **Beseitigung der primären Ursache,** z.B. der Cholelithiasis • **Antiinfektiöse Therapie** - Cephalosporin, 3. Gen. (v.a. Ceftriaxon: wird über die Galle ausgeschieden) - Ciprofloxacin - Tygecyclin (wirkt auch bei multiresistenten Hospitalkeimen, z.B. VRE, ESBL) - Imipenem bei Pseudomonasbeteiligung - Bei Candidainfektion: Fluconazol - Wenn Non-albicans Arten (z.B. C. glabrata) im Hospital dominieren: Echinocandine (Anidulafungin bzw. Caspofungin)

1.6.10 Leberabszess

Def	Intrahepatischer Abszess (bei Amoebenabszess liegt der Herd meist subphrenisch)
Rf	• Cholangitis ⇒ aszendierende Infektion (→ S.36) • Fortleitung einer Infektion über das Pfortadersystem • Sepsis (→ S.45)
Err	• **Bakterien:** Enterobacteriaceae, Pseudomonas aeruginosa, Enterokokken, Anaerobier • **Protozoen:** Entamoeba histolytica
Di	• **Klinische Zeichen:** leichter Ikterus, Leberschwellung, Druckschmerz • **Bildgebende Verfahren:** Sonographie, CT, MRT, Angiographie • **Klinische Chemie:** geringe Transaminasenerhöhung, erhöhtes CRP
Th	• **Chirurgische Intervention:** z.B. Drainage • **Kalkulierte antibiotische Therapie** - Amoxicillin + Clavulansäure - Imipenem - Ceftriaxon + Metronidazol - Tigecyclin • **Amöbeninfektion:** Metronidazol

1.6.11 Lebercyste

Def	Flüssigkeitsgefüllter, abgegrenzter Herd
Rf	Vor Jahren durchgemachte Infektion mit Taenia solium (Schweinebandwurm) oder mit Echinococcus granulosus/multilocularis
Err	Larvenstadium von Taenia solium (Zystizerkose) bzw. Echinococcus granulosus und multilocularis
Di	• **Klinische Zeichen:** erst im Spätstadium, z.B. bei Kompression des Gallengangs ⇒ Cholangitis, Ikterus; ggf. fokalneurologische Ausfälle bei gleichzeitigem Befall des ZNS (→ S.11) • **Blutuntersuchung:** - **Blutbild:** Eosinophilie - **Mikrobiologie** (→ S.104): Antikörper geg. Taenia solium bzw. Echinococcus • **Bildgebende Verfahren:** Sonographie, CT, MRT, Angiographie ⇒ Veränderungen in der Leber, evtl. mit Verkalkungen
Th	• **Zystizerkose** - Chirurgische Intervention - Zusätzlich Praziquantel - Evtl. plus Kortison • **Echinokokkose** - Wenn möglich komplette chirurgische Extirpation - Zusätzlich Mebendazol
Prä	• **Echinokokkose:** regelmäßige Wurmkuren der Hunde • **Zystizerkose:** kein rohes Fleisch essen oder zumindest das Fleisch vorher in der Kühltruhe einfrieren (-18°C) und auftauen

1.6.12 Hepatosplenomegalie

Def	Gleichzeitige Vergrößerung von Leber und Milz
Rf	• Schwere septische Infektionen (→ S.45) mit Zellzerfall ⇒ spodogene Tumorbildung • Einige Erreger können sich nach septischer Ausbreitung im RES der Organe vermehren
Err	• **Bakterien:** Salmonella enterica Serovar typhi (beim älteren Menschen auch andere Serovarietäten), Brucella spp. • **Protozoen:** Leishmania donovani (Kala Azar), Plasmodium falciparum • **Viren:** im Rahmen viraler Infektionen, z.B. durch Epstein-Barr-Virus
Di	• **Anamnese:** Reiseanamnese, Fragen nach Ernährungsgewohnheiten - Brucella: Ziegenkäse - Salmonella: rohe Eier, Hühner-, Schweine- oder Rindfleisch, Wurst • **Klinische Zeichen:** Fieberschübe, tastbare/perkutierbare Hepatosplenomegalie • **Bildgebende Verfahren:** Sonographie, CT, MRT • **Blutuntersuchung** - **Blutbild:** Anämie, Neutropenie, Thrombozytopenie - **Mikrobiologische Untersuchung** (→ S.104): · **Ausstrich:** Nachweis von intraerythrozytären Plasmodien · **Kultur** · **Serologie:** Antikörper gegen Leishmanien, Brucellen, Salmonellen, EBV • **Knochenmarkpunktion** (→ S.105): histologischer Nachweis von Leishmanien

Th	• **Sepsis** Erregerspezif. antibiotische Therapie • **Salmonella** - Ciprofloxacin - Ceftriaxon • **Brucella** - Doxycyclin über mehrere Wochen - Ggf. kombiniert mit Rifampicin • **Malaria** - Atovaquon + Proguanil - Ggf. Chloroquin oder Chinin • **Leishmania** - Liposomales Amphotericin B - Miltefosin - Ggf. Pentamidin und 5-wertiges Antimon
Prä	• **Brucellose, Salmonellose:** Speisen erhitzen • **Leishmaniose:** Mückenschutz • **Malaria:** Expositionsprophylaxe (Mückenschutz) bzw. Chemoprophylaxe

1.6.13 Pankreatitis/Pankreasabszess

Def	• Entzündung der Bauchspeicheldrüse • Akute und chronische Verläufe möglich (Verlauf ist nicht primär prognostlzierbar) • Ausprägung und Konsequenzen können deutlich variieren
Rf	• **Nichtinfektiöse Genese** (90% der Fälle) - Starker Alkoholabusus - Gallensteine • **Weitere Ursachen** - Vaskuläre Faktoren (v.a. bei Patienten > 55 Jahre) - Stumpfe Bauchtraumen - Virusinfektionen (Mumpsviren, ECHO-Viren) - Ascaris lumbricoides (Blockade der Papilla vateri durch adulte Würmer)
Ko	• Mitbeteiligung der Umgebung des Pankreas ⇒ z.B. Entstehung peripankreatischer Fettgewebsnekrosen • Sekundäre Infektion nekrotischer Herde ⇒ Abszess • Beteiligung der Lunge (ARDS)
Err	• **Primäre Infektion der Pankreaszellen:** Mumpsviren, Coxsackie-Viren • **Sekundäre Infektionen von Pankreasnekrosen** - **Bakterien:** Enterobacteriaceae (Escherichia coli, Klebsiella spp., Proteus spp., Enterobacter spp., Citrobacter spp.), Pseudomonas aeruginosa, Enterokokken, Staphyloccocus aureus, Anaerobier - **Pilze:** Candida spp.
Di	• **Klinische Zeichen:** akute Oberbauchbeschmerzen mit gürtelförmiger Ausstrahlung, Übelkeit, Erbrechen, verminderte Peristaltik • **Klinische Chemie:** Amylase, Lipase und LDH ↑, ggf. endokrine pankreatische Insuffizienz • **Bildgebung:** Sonographie, CT • **Feinnadelbiopsie** (→ S.105): Probengewinnung für mikrobiologische Untersuchung (mikroskopischer und kultureller Erregernachweis)

Th	• **Allgemein:** Schmerztherapie, Volumensubstitution, parenterale Ernährung • **Ggf. antiinfektiöse Therapie:** z.B. - Imipenem (gegen Enterobacteriaceae, Enterokokken, Anaerobier, Pseudomonas) - Ggf. selektive Darmdekontamination mit nicht resorbierbaren Aminoglykosiden, Polymyxin B und Amphotericin B - Candida-Infektionen: Echinocandin (Anidulafungin, Caspofungin), bei Nachweis von C. albicans: Fluconazol
Prä	Alkoholkonsum reduzieren

1.7 Harnwege

1.7.1 Urethritis

Def	Infektion der Schleimhaut der Harnröhre
Rf	Häufig wechselnde Partner beim Geschlechtsverkehr
Ko	Ausbreitung in tiefere Schichten ⇒ später Bildung von narbigen Strikturen
Err	• **Bakterien:** Chlamydia trachomatis, Mycoplasma hominis, Mycoplasma genitalium, Ureaplasma spp., Neisseria gonorrhoeae, Staphylococcus aureus • **Protozoen:** Trichomonas vaginalis • **Viren:** Herpes-Simplex-Virus (HSV)
Di	• **Anamnese:** Sexualverhalten • **Klinische Zeichen:** örtliche Schmerzen, Brennen, Dysurie, evtl. starke Eiterbildung („Bonjour-Tröpfchen“) = Eitertröpfchen am Orificium morgens vor dem ersten Harnlassen) • **Urethralabstrich** (→ S.106) - **Mikroskopie:** · Nativpräparat (sofort nach Abnahme): Nachweis von Trichomonaden · Gramfärbung: eitrige Entzündung durch Gonokokken - **Kultur:** für Anzucht der empfindlichen Gonokokken sofort ein spezielles, selektives Transportmedium (z.B. Gonocult) beimpfen - **PCR** (auch im "first void urine" → S. 106): Chlamydien, Gonokokken, HSV • **Serologie** (→ S.104): Antikörper gegen Treponema, HIV
Th	• **Trichomonas:** Metronidazol • **Chlamydia, Mycoplasma, Ureaplasma:** Doxycyclin, Azithromycin • **Neisseria:** Cefotaxim, Spectinomycin • **Staphylococcus:** Cephalosporin der 2. Generation • **HSV:** Acyclovir
Prä	„Safer Sex“

1.7.2 Akute oder chronische Zystitis

Def	Entzündung der Harnblasenschleimhaut, evtl. Beteiligung der Blasenwand
Rf	• Weibliches Geschlecht (v.a. postkoital und während der Schwangerschaft) • Sexuelles Verhalten (z.B. Analverkehr) • Harnsteine • Instrumentelle Manipulationen (Katheterisierung) • Lähmungen

Ko	Bei persistierenden begünstigenden Faktoren: Rezidivgefahr
Err	• **Bakterien:** Escherichia coli, Enterokokken, Proteus, Klebsiella, Pseudomonas • **Pilze:** Candida spp. (meist ist der Candida-Nachweis im Urin nur Zeichen einer Hohlraumbesiedelung und kein behandlungsbedürftiger Befund)
Di	• **Klinische Zeichen:** Pollakisurie, Brennen beim Wasserlassen • **Urinuntersuchung** (→ S.106) - **Kultur:** Erregernachweis - **Keimzahl (semi-quantitative Bestimmung):** bei > 10^5 Keimen/ml im Morgenurin: v.a. behandlungsbedürftige Infektion - Evtl. Proteinurie, Hämaturie und Leukozyturie - Im Alter häufig Bakterieurie ohne Krankheitswert
Th	• **Cephalosporine**, 3. Generation (z.B. Cefotaxim: wird v.a. renal ausgeschieden): sind in > 90% wirksam, nicht jedoch gegen Enterokokken • **Fosfomycin** (Monuril®) als "single shot": wirkt gegen E. coli und Enterokokken • **Ampicillin/Amoxicillin, Cotrimoxazol, Chinolone** (v.a. Levofloxacin), jedoch sind 30–50% der Stämme von E. coli (= häufigster Erreger) resistent • **Therapiedauer:** bei erstmaliger akuter Entzündung 1–3d (Fosfomycin s.o.)
Prä	• Steigerung der Trinkmenge • Ansäuerung des Urins hemmt Vermehrung von Keimen in Hohlräumen • Ggf. Nitrofurantoin zur Langzeitprophylaxe

1.7.3 Akute und chronische Pyelonephritis

Def	Entzündung des Nierenbeckens mit Parenchymbeteiligung
Rf	• Durch Aszension von Erregern aus der der Blase, v.a. - Bei mechanischen Abflussstörungen (z.B. Prostatahypertrophie, Lithiasis, anatomische Veränderungen, Schwangerschaft, Lähmungen) oder - Nach instrumentellen urologischen Eingriffen • Durch hämatogene Erregerausbreitung
Ko	Evtl. narbiger Umbau bis hin zur Schrumpfniere mit renalem Hypertonus bei chronischer Infektion
Err	• **Bakterien:** Escherichia coli, Enterokokken, Proteus, Klebsiella, Pseudomonas, selten Anaerobier • **Pilze:** Candida (selten)
Di	• **Klinische Zeichen:** Polyurie, lokaler Druckschmerz, diffuse Rückenschmerzen, Fieber, Schüttelfrost, Klopfschmerz über dem Nierenlager • **Urinuntersuchung** (Mittelstrahlurin → S. 106, Blasenpunktionsurin → S. 106) - **Kultur:** Erregernachweis - **Keimzahl** (semi quantitative Bestimmung): bei > 10^5 Keimen/ml im Morgenurin: v.a. behandlungsbedürftige Infektion - Intermittierende Proteinurie, Leukozyturie und Mikrohämaturie

Th	• **Cephalosporine**, 3. Generation (z.B. Cefotaxim: wird v.a. renal ausgeschieden): sind in > 90% wirksam, nicht jedoch gegen Enterokokken • **Fosfomycin** (Monuril®) als single shot: wirkt gegen E.coli und Enterokokken • **Ampicillin/Amoxicillin, Cotrimoxazol, Chinolone** (v.a. Levofloxacin), jedoch sind 30-50% der Stämme von E.coli (= häufigster Erreger) resistent • **Therapiedauer:** meistens 7 Tage (Fosfomycin s.o.)

1.7.4 Akute Prostatitis

Def	Bakterielle Entzündung der Prostata
Rf	• Harnwegsinfektion (aufsteigende Entzündung) • Instrumentelle urologische Manipulation, z.B. Harnwegskatheter
Ko	Sepsis (→ S.45)
Err	E. coli, seltener: Chlamydia trachomatis, Mycoplasma hominis, Ureaplasma urealyticum, Staph. aureus, Gonokokken, sehr selten M. tuberculosis
Di	• **Klinische Zeichen:** starke Schmerzen (↑ bei digital-rektaler Untersuchung), schmerzhafte Blasenentleerung, ggf. Blasenentleerungsstörung, meist schlechtes Allgemeinbefinden, Fieber • **Blutkultur** (→ S.104) • **Urinuntersuchung** (→ S.106): Leukozyten im Urin (bzw. im Ejakulat), Kultur • **Transrektale Sonographie:** Ausmaß der entzündlichen Reaktion, Abszesse • **Cave:** Keine Gewinnung von Prostatasekret im akuten Stadium! (drohende Bakteriämie!)
Th	**Kalkulierte antibiotische Therapie** • Levofloxacin/Ciprofloxacin • Doxycyclin • Cotrimoxazol

1.7.5 Chronische Prostatitis

Def	Prostatitisbeschwerden seit > 3 Monaten
Ko	Infertilität
Err	• **Bakterien:** Enterobacteriaceae (v.a. Escherichia coli) = häufigste Erreger • **Protozoen:** Cryptococcus neoformans (→ persistierendes Reservoir in der Prostata bei AIDS-Patienten, die eine Kryptokokkose überstanden haben), Coccidioides immitis (nach Reisen in Epidemiegebiete → aride Gebiete von Kalifornien und Nevada, z.B. Death Valley und Las Vegas)
Di	• **Klinische Zeichen:** Schmerzen im Unterleib (hinter dem Schambein), Störungen beim Wasserlassen, Erektions- und Ejakulationsstörungen, Prostatagröße normal oder ↑, ggf. knotig verhärtet • **Prostatasekret** (Gewinnung durch digitale Massage): Leukozyten, Kultur • **Exprimaturin** (nicht Mittelstrahlurin): Leukozyten, Kultur • **Transrektale Sonographie:** evtl. Abszessbildung
Th	• **Kalkulierte antibiotische Therapie** - Levofloxacin/Ciprofloxacin - Doxycyclin - Cotrimoxazol • **Supportive Maßnahmen:** z.B. Hyperthermie

1.8 Gynäkologische Infektionen

1.8.1 Vulvitis

Def	Entzündliche Veränderungen am äußeren Genitale der Frau
Rf	• Tritt oft als Begleitung einer Vaginitis (→ S. 1.8.2) auf (in der Postmenopause kann die Vulvitis die Vaginitis dominieren) • Gelegentlich dehnt sich auch eine Bartholinitis auf die Vulva aus • Schmierinfektion oder sexuelle Übertragung (je nach Erreger)
Err	• **Bakterien:** Staph. aureus, Streptokokken, Enterobacteriaceae, selten: Haemophilus ducreyi, Treponema pallidum • **Pilze:** Hefepilze (Candida spp.) • **Parasiten:** Phthirus pubis, Scabies • **Viren:** Herpes-Simplex-Virus (HSV), v.a. Typ 2, humanes Papilloma-Virus (HPV)
Di	• **Klinische Zeichen:** Jucken, Brennen, Rötung (kann sich je nach Erreger in Knötchen, Bläschen oder Ulcus weiterentwickeln) • **Mikrobiologische Untersuchung** - **Gewebeprobe** (→ S.105): mikroskopischer und kultureller Erregernachweis, PCR (bei HSV-Infektion inkl. Bestimmung des Typs) - **Serologie** (→ S.104): Antikörpernachweis
Th	• **Antimikrobielle Wirkstoffe:** je nach Ätiologie • **Scabies, Läuse:** Lindan oder Pyrethrum

1.8.2 Vaginitis/Kolpitis

Def	Entzündung der Vagina
Rf	• Veränderung der normalen, protektiven Laktobazillenflora durch übermäßige Reinlichkeit (z.B. häufiges Waschen mit Seife) oder Antibiotikatherapie • Häufig wechselnde Geschlechtspartner (v.a. bei Infektion des Partners) • Schwangerschaft oder Oestrogenbehandlung, z.B. hormonelle Kontrazeption • Genetische Prädisposition ⇒ rekurrierende Infektionen (> 4 pro Jahr)
Err	• **Bakterien** (Aminkolpitis): Gardnerella vaginalis, Mobiluncus spp., Bacteroides spp., Atopobium vaginae • **Pilze:** Candida albicans, C. glabrata • **Protozoen:** Trichomonas vaginalis • **Würmer:** Enterobius vermicularis • **Viren:** Herpes-Simplex-Virus (HSV) (Typ 2)
Di	• **Klinische Zeichen:** Fluor vaginalis (auffällige Menge, Konsistenz, Farbe, Geruch), pos. Amin-Test (→ Zugabe von 10%iger KOH-Lsg. zum Fluor → fischartiger Geruch) • **Mikrobiologische Untersuchung** (Vaginalabstrich → S. 107) - **Mikroskopie:** Hefepilze, Trichomonaden, „clue cells" = Plattenepithelzellen, an denen viele Stäbchenbakterien hängen (typisch für Gardnerella) - **Kultur** - **PCR**

Th	• **Vaginalmykose** - **Lokale Therapie:** · Polyene (Amphotericin B, Nystatin) · Azole (Clotrimazol, Miconazol) - **Systemisch in schweren Fällen:** (meistens reicht eine Einzelgabe) · Fluconazol oral · Itraconazol oral (am besten: "liquid") · Ggf. Voriconazol/Posaconazol oral bei C. glabrata (kann gegen Fluconazol und Itraconazol resistent sein) • **Bakterielle Infektion, Trichomonas:** Metronidazol oral • **Enterobius:** Pyrvinium oder Mebendazol oral • **HSV:** Aciclovir
Prä	• „Safer Sex" • Rekurrierende Candida-Infektionen: Langzeittherapie mit Fluconazol • Ggf. nicht hormonelle Schwangerschaftsverhütungsmethoden

1.8.3 Zervizitis

Def	Entzündung der Schleimhaut des Gebärmutterhalses mit verstärkter Sekretion (Zervixkatarrh)
Rf	• Sexuelle Übertragung (STD =Sexually transmitted disease) • Puerpale oder postoperative Infektion • Hämatogene Infektion
Ko	• Übergreifen der Infektion auf das Endometrium • Manche Papillomaviren fördern die Entstehung eines Zervixkarzinoms
Err	• **STD** - **Bakterien:** Chlamydia trachomatis, Neisseria gonorrhoeae, Streptococcus pyogenes (Serogruppe A) - **Viren:** HSV, HPV, CMV • **Puerperal:** Staphylococcus aureus, Enterobacteriaceae • **Hämatogen:** Mycobacterium tuberculosis
Di	• **Klinische Zeichen:** meist schmerzlos, klebriger, eitriger Ausfluss aus der Zervix • **Mikrobiologische Untersuchung** (Abstrich → S. 107) - **Mikroskopischer und kultureller Erregernachweis** - **PCR:** v.a. Nachweis von Chlamydien, HSV, CMV
Th	• **Kalkulierte antibiotische Therapie** (bei v.a. bakteriellen Infekten) - Makrolide - Chinolone (Levofloxacin) - Tetrazykline • **Spezielle antiinfektive Therapie** - **Gonokokken:** Cefotaxim, Ceftriaxon - **Tuberkulose:** spezielle Therapie - **Viren:** spezielle Therapie • **Ggf. Koniotomie** bei fortschreitender Infektion
Prä	HPV-Impfung (→ S.114)

1.8.4 Adnexitis

Def	Ein- oder beidseitige Infektion der weiblichen Adnexe
Rf	• Geschlechtsverkehr: Errergeraszension (STD) • Puerperale oder postoperative Infektion • Selten: hämatogene Infektion
Ko	• Pelvic Inflammatory Disease (PID): bei fortschreitender Infektion kann das umliegende Gewebe (Peritoneum, Darmschlingen, Leber) mitbetroffen sein • Narbiger Umbau ⇒ Sterilität, Extrauteringravidität
Err	• **STD:** Chlamydia trachomatis, Neisseria gonorrhoeae, Streptococcus pyogenes (Serogruppe A), Herpes-Simplex-Viren (HSV) • **Puerperal:** Staphylococcus aureus, Enterobacteriaceae • **Hämatogen:** Mycobacterium tuberculosis
Di	• **Klinische Zeichen:** Schmerzen im Unterbauch (v.a. bei akuter Gonorrhoe), evtl. Ausstrahlung in das Peritoneum, Fieber, Menorrhagien, Ausfluss • **Mikrobiologische Untersuchung** (Abstrich, Punktat): Mikroskopie, Kultur
Th	• **Kalkulierte antibiotische Therapie** - Chinolone (Moxifloxacin, Levofloxacin) - Makrolide (z.B. Azithromycin) - Doxycyclin • **Spezielle antiinfektive Therapie** - **Gonorrhoe:** Cefotaxim, Ceftriaxon - **TBC:** tuberkulost. Kombinationen - **HSV:** Aciclovir

1.9 Gefäßsystem

1.9.1 Arteriitis

Def	• Entzündung der Arterienwand • Einzelne bis alle Schichten können betroffen sein → End-, Mes-, Peri-, Panarteriitis • Endarteriitis führt zu einer Gefäßwandschwäche
Rf	Die Symptomatik kann zusätzlich beeinflusst werden durch: • Schädigung der Endothelzellen durch verschiedene Medikamente oder • Arteriosklerotische Veränderung
Err	• **Endarteriitis** - **Viren:** z.B. Masern, Röteln, Flaviviren, Filoviren, Bunyaviren, Dengue - **Bakterien:** Rickettsia spp. (Fleckfieber), Ehrlichia spp. • **Mesaortitis:** Spätfolge einer Treponema-Pallidum-Infektion • **Panarteriitis:** meist durch Immunkomplexe, z.B. bei chron. Hepatitis B (→ S.35)
Di	• **Klinische Zeichen:** Exanthem bzw. Enanthem, evtl. intraepitheliale Blutung, Ischämie, Fieber • **Biopsie:** histologische Untersuchung • **Serologie:** Antikörpernachweis
Th	Wenn möglich erregerspezifische antimikrobielle Therapie

1.9.2 Thrombophlebitis

Def	• Venenentzündung, die zum Verschluss des Lumens führt • Tiefe oder oberflächlichen Venen können befallen sein
Rf	Stase (durch örtliche Einflüsse oder Venenklappeninsuffizienz)

Err	• Primär keine mikrobielle Genese • Evtl. sekundäre Infektion durch Hautkeime (Staphylokokken, Streptokokken)
Di	• **Klinische Zeichen:** gerötetes, erwärmtes, geschwollenes, druckdolentes Areal, evtl. Ödem durch Abflussstörung
Th	• Kompressionsverband, Antiphlogistika • Zunächst keine Antibiotika

1.9.3 Sepsis

Def	• Systemische Entzündungsreaktion durch Mikroorganismen bzw. deren Toxine, die aus einem Infektionsherd in die Blutbahn eingeschwemmt wurden • "Systemic inflammatory response syndrome" (SIRS) = ähnliche Krankheitsverläufe ohne Nachweis von Erregern
Rf	• **Infektionen der Lunge** (Pneumonie → S. 24) = häufigste Erregerquelle • **Abdominelle Prozesse** (Cholezystitis → S. 36, Peritonitis → S. 34) • **Infektionen des Urogenitalsystem** (Pyelonephritis → S. 40) • **Infizierte Katheter** • **Haut- und Weichteilinfektionen** (→ S.48) • **Z.n. Splenektomie** ⇒ speziell bekapselte Bakterien (z.B. Pneumokokken, Klebsiella, Meningokokken, Haemophilus) können evtl. OPSI ("Overwhelming Postsplenectomy Infection") auslösen
Ko	• Bei schweren Verläufen zusätzlich Zeichen einer inadäquaten Organperfusion bzw. gestörten Organfunktion • Morbidität und Letalität sind abhängig von - Wirtsfaktoren (z.B. Alter, Allgemeinzustand, Abwehrlage) und - der Aggressivität des Erregers
Err	• **Bakterien:** Staphylococcus aureus, koagulasenegative Staphylokokken, Streptokokken, Enterokokken, Pneumokokken, Listerien, Enterobacteriaceae (z.B. Escherischia coli), Pseudomonas, Pneumokokken, Klebsiella, Meningokkken, Haemophilus, Anaerobier (Bacteroides spp., Prevotella spp., Porphyromonas spp.) • **Hefepilze:** Candida spp.
Di	• **Klinische Zeichen:** - Fieber > 38°C oder Hyperthermie < 36°C - Hypotonie - Tachykardie > 90/min - Tachypnoe > 20/min (bzw. Hypokapnie mit P_aCO_2 < 32 mmgHg) - MOF ("multiple organ failure") • **Blutuntersuchung:** - **Kultur** (→ S. 104; möglichst sofort - noch vor einer antibiotischen Therapie) - **Blutbild, klinische Chemie:** • Leukozytose > 12 G/l mit Linksverschiebung oder Leukopenie < 4 G/l • Aktivierung des Gerinnungssystems (z.B. D-Dimere ↑) • CRP und Procalcitonin ↑

Th	• **Normalisierung der zentralvenösen Sauerstoffsättigung** • **Kreislaufstabilisierung** - Volumensubstitution: Ringer-Lösung, Humanalbumin, HES (Mikrozirkulation ↑; verstärkt ggf. das akute Nierenversagen) - Katecholamine • **Erhalt der Organfunktionen** • **Adjuvante Therapie der Sepsis:** Kortikoide, Selen, aktiviertes Protein C, angereicherte Immunglobuline i.v. • **Kalkulierte Antibiotikatherapie mit einem Breitspektrumantibiotikum** (spätestens 1-2 h nach Manifestierung!) - Imipenem - Cefotaxim + Aminoglykosid + Chinolone (z.B. Ciprofloxacin, Levofloxacin); sind jedoch schlecht wirksam bei Enterokokken und nosokomialen multiresistenten Erregern wie MRSA, VRE, ESBL • **Spezielle Antibiotikatherapie** - **Grampositive Erreger** (Staphylokokken, Enterokokken, multiresistente Hospitalkeime): · Linezolid · Daptomycin - **Hefepilze** (werden als Sepsiserreger immer häufiger!): · Echinocandine · Ggf. Fluconazol (nicht bei Candida glabrata/C. krusei) • **Procalcitoninspiegel** dient zur Verlaufskontrolle (bei Abfall des Wertes evtl. Deeskalierung der Antibiotikatherapie): - < 0,5 µg/ml spricht gegen einen schwerwiegende Erkrankung - > 1-2 µg/ml gilt als Alarmzeichen
Prä	• Frühzeitige Erkennung und Eindämmung der Sepsisherde (Fokussanierung) • Intensivierte i.v. Insulingabe (Ziel: Blutglukose 80–100 mg/dl) • Selektive Darmdekontamination bei abdominalchirurgischen Eingriffen • Vor oder 4–6 Wochen nach Splenektomie: Impfung gegen Pneumokokken (→ S.113) (und evtl. Haemophilus influenzae → S. 112)

1.9.4 Endokarditis (lenta)

Def	• Entzündung der Herzinnenhaut • Meistens an den Rändern der Herzklappen; seltener an den Klappenfäden • Häufigkeit: Mitralklappe 37%, Aortenklappe 20%, beide Klappen 17% • Männer : Frauen = 2 : 1 • Je nach Erreger ist der Verlauf oft schleichend (subakut = lenta)
Rf	• Konnatale und erworbene (rheumatisch verändert) Herzklappenfehler • Prothetische Klappen • Drogenabusus (Keime der Hautflora gelangen in die Blutbahn und können sich an den Herzklappen festsetzen) • Transitorische Bakteriämie, z.B. nach Zähneputzen oder Zahnextraktion
Ko	• Bildung von Biofilmen u. Thromben auf den Klappen ⇒ evtl. schubweise Streuung von infektiösen Thromben in die Peripherie ⇒ septische Metastasen, z.B. Milzabszess • Schädigung der Herzklappen durch die Entzündung ⇒ Klappeninsuffizienz

Err	• **Bakterien:** meist vergrünende Streptokokken (Viridans-Streptokokken, Gemella) der Mundflora, Enterokokken (aus der Darmflora), nicht hämolysierende Streptokokken, Pneumokokken, Staph. (aus der Hautflora), Erysipelothrix rhusiopathiae (v.a. bei Tierärzten u. Landwirten; besonders schlechte Prognose), Coxiella burnetii (nach Tierkontakt; langwierig), HACEK*-Gruppe, Brucella (nach Lebensmittelinf.) • **Pilze:** Candida spp. (häufig bei Drogenabhängigen), Histoplasma capsulatum (nach Aufenthalt in Endemiegebieten- ggf. viele Jahre später) ***HACEK-Gruppe** - **H**aemophilus parainfluenzae/Haemophilus aphrophilus - **A**ctinobacillus actinomycetemcomitans - **C**ardiobacterium hominis - **E**ikenella corrodens - **K**ingella kingae
Di	• **Klinische Zeichen:** initial schubweise Temperaturerhöhung mit Schüttelfrost, Anämie, Herzinsuffizienz, Leistungseinschränkung, Mikroembolien am Stamm, an den Extremitäten oder am Augenhintergrund (Osler-Knötchen), Splenomegalie (bei septischer Ausbreitung der Erreger → S. 37), evtl. Herzgeräusche • **TEE** (hohe Sensitivität und Spezifität): Vegetationen auf den Herzklappen • **Blutbild, klinische Chemie:** Leukozytose mit Linksverschiebung, Anämie, BSG und CRP ↑ (→ gute Verlaufskontrolle) • **Mikrobiologische Blutuntersuchung** (→ S.104) - **Blutkulturen** (wiederholt; nicht mehr als 3 x pro Tag): Erregernachweis - **Serologie:** Nachweis von Coxiella-burnetii-Antikörpern (Q-Fieber)
Th	• **Kalkulierte antibiotische Therapie** (Dauer mindestens 4 Wochen, da die Erreger in den Vegetationen nur schwer erreichbar sind) - Penicillin + Aminoglykosid - Daptomycin (alle grampositiven Erreger) - Teicoplanin, Vancomycin (breites Spektrum, jedoch geringe Penetrationsfähigkeit) • **Spezielle antiinfektive Therapie** - **Q-Fieber:** Doxycyclin - **Pilzinfektion:** Amphotericin B, Flucytosin, Fluconazol • **Ggf. kardiochirurgische Intervention** (bei Klappendefekt)
Prä	Bei hohem Risiko (z.B. künstliche Herzklappe) Endokarditisprophylaxe mit Makroliden oder Amoxicillin/Ampicillin

1.9.5 Myokarditis

Def	Entzündung des Herzmuskels mit meist inapparentem Verlauf
Ko	• Hypotonie • Herzinsuffizienz • Herzdilatation • Herzrhythmusstörungen • Bradykardie • Kammerflimmern
Err	• **Meist Viren:** Coxsackie, Enteroviren (z.B. ECHO), Adenoviren, Influenza, Parainfluenza, CMV, EBV • **Bakterien:** Borrelia • **Protozoen:** Trypanosoma cruzi ⇒ Chagas-Krankheit

Di	• **Anamnese:** virale Infektion einige Tage zuvor • **Klinische Zeichen** (oft diskret): Leistungseinschränkung, Angina pectoris, evtl. RST • **EKG-Veränderungen:** ST-T-Strecke ↑, Sinustachykardie, verlangsamte Pulsnormalisierung nach Belastung, Vorhofflimmern, supra-/ventrikuläre RST • **Mikrobiologische Untersuchungen** - **PCR** (aus Biopsiematerial → S. 105) - **Serologie** (→ S.104): Antikörper (Viren, Borrelien, Trypanosoma)
Th	• **Symptomatische Behandlung** • **Antivirale Therapie mit Interferon:** ist nicht zuverlässig wirksam • **Borrelieninfektion:** Ceftriaxon • **Trypanosoma:** Nifurtimox, Benznidazol
Prä	Eine Grippeimpfung kann partiell schützen (→ S.114)

1.9.6 Perikarditis

Def	Entzündung des Herzbeutels (meist idiopathisch)
Rf	• Virale Myokarditis (⇒ seröse Perikarditis) • Hämatogene Erregerausbreitung (Staphylokokken, Streptokokken, Pneumokokken, Meningokokken, Mycobacterium tuberculosis)
Ko	• Evtl. große Volumina an entzündlichem Exsudat ⇒ Herzbeuteltamponade • Spätkomplikation: verklebtes und ggf. verkalktes Perikard ⇒ Panzerherz
Err	• **Viren:** Coxsackie, Enteroviren (z.B. ECHO), Masern, Mumps, Röteln, EBV, CMV, Influenza, Parainfluenza • **Bakterien:** Staph., Streptokokken, Pneumokokken, Meningokokken, Tuberkelbakt. • **Pilze:** Candida spp., Aspergillus spp. (bei Abwehrschwäche)
Di	• **Klinische Zeichen:** örtliche Schmerzen, Fieber, abgeschwächte Herztöne, Perikardreiben, ggf. Herzinsuffizienz, bei chronischer, konstriktiver oder verkalkender Entzündung: Rechtsherzinsuffizienz (Stauung der Jugularvenen) • **EKG-Veränderungen:** periphere Niedervoltage, wechselnd hohe QRS-Komplexe, oft Sesnkung des PR-Segments bzw. Hebung der ST-Strecke • **Bildgebende Verfahren** (Sonographie, Röntgen): Exsudatmenge, Veränderungen der Wandschichten des Perikards
Th	• **Punktion und Entlastung** • **Injektion von 0,9%iger NaCl-Lösung** (evtl. auch Streptokinase oder Urokinase), kann ggf. spätere Verklebungen verhindern • **Bei bakterieller Infektion:** gezielte Antibiose

1.10 Haut, Weichteile, Knochen

1.10.1 Tinea

Def	• Dermatomykosen der Haut; Bezeichnung je nach Lokalisation: - Kopf: Tinea capitis - Gesicht: Tinea faciei - Stamm: Tinea corporis - Hand: Tinea manuum - Fuß: Tinea pedis • Wachstum von Dermatophyten ist nur auf keratinhaltigem Gewebe möglich (verhornte Haut, Haare und Nägel) → keine Disseminierungsgefahr

Rf	• Bestehende Onychomykosen • Durchblutungsstörungen • Feuchtigkeit, Wärme, Dunkelheit • Sport • Tierkontakt • Gärtnerarbeiten, Kontakt mit Erde
Err	• Trichophyton rubrum: häufigster Pilz • T. tonsurans: in Fitnessstudios bzw. Sportlerkreisen • T. mentagrophytes: stammt meistens von Haustieren (Meerschweinchen) • T. verrucosum: stammt oft vom Rind • T. violaceum: aus Afrika und Asien importiert • Microsporum canis: vom Tier; eher selten • Microsporum gypseum: aus dem Boden; eher selten • Epidermophyton: anthropophil; eher selten • Tinea-Herde → ggf. Eintrittspforte für Streptococcus pyogenes (Erysipel (→ S.49)
Di	• **Klinische Zeichen:** manchmal nur verstärkte Schuppung; starke entzündliche Reakt. nur bei einigen Erregern (z.B. T. rubrum) → Rötung mit scharf begrenztem Rand, randbetonte Verstärkung der Enzündung, zentral blasser mit schuppender Haut • **Mikrobiologische Untersuchung** (Hautschuppen vom Randbezirk → S. 107): Mikroskopie, Kultur (dauert manchmal bis zu 8 Wochen)
Th	• **Antimykotika lokal** - Amorolfin - Ciclopiroxolamin - Terbinafin - Azole • **Antimykotika systemisch (oral)** - Terbinafin - Itraconazol - Fluconazol **Cave:** nach chirurgischer Intervention ggf. Exazerbation!
Prä	Expositionsprophylaxe

1.10.2 Dermatitis (Pyodermie, Impetigo)

Def	• Infektion der Epidermis: z.B. Impetigo contagiosa, Erythrasma • Infektion der Dermis: z.B. Erysipel, Akne vulgaris • Infektion der Hautanhangsgebilde (Haarfollikel): z.B. Furunkel, Karbunkel, Pilonidalsinus
Rf	• Mechanische, aktinische, trophische Störungen • Alter (sehr jung, sehr alt) • Whirlpool
Ko	• Rezidive • Übertragung auf med. Personal • Erysipel: Disseminierung, Sepsis (→ S.45)
Err	• **Bakterien:** Staph. aureus, Propionibacterium acnes, Streptococcus pyogenes (Serogruppe A), Pseudomonas aeruginosa, Borrelia burgdorferi (Erythema migrans), M. tuberculosis, Corynebacterium minutissimum (Erythrasma), Actinomyces meyeri, M. marinum (Schwimmbadgranulom), M. ulcerans (Ulcus buruli), aerobe Sporenbildner (Bacillus spp.) → ohne pathol. Bedeutung • **Pilze:** Malassezia furfur (Pytiriasis) • **Viren:** → **Erythem:** Masern, Röteln, VZV, Parvovirus B19, HHV6, EBV → **Bläschen:** Herpes simplex Viren = HHV 1 + 2, Varizellavirus • **Parasiten:** Milben (Demodex ⇒ ggf. Rötung der Augenlider, Ascaridae ⇒ girlandenförmige subkutane Gänge)

Di	• **Klinische Zeichen:** Erythem im Hautniveau, Papel oder Bläschen ⇒ wenn die Bläschen platzen: Schorf/Kruste • **Mikrobiologische Untersuchung** - **Abstrich** (→ S.107): Mikroskopie, Kultur (Anzucht von Borrelien ist schwierig!) - **Serologie** (→ S.104): · **Streptococcus pyogenes (Erysipel):** „Rheumaserologie" → Antikörper gegen Streptokokkenprodukte, z.B. Antistreptolysin O und Anti-Streptokokken DNAse B → bei Hautinf. mit Streptococcus pyogenes ist Anti-DNAse B häufig stark positiv · **Borrelien:** ELISA (Screening), ggf. Westernblot (Lymphozytentransformationstest ist von zweifelhaftem Wert)
Th	• **Eitrige Dermatitis:** - Cephalosporine 2. Generation (oral) - Levofloxacin/Moxifloxacin (oral) • **Erythema migrans, Akne:** Doxycyclin (oral) • **Erysipel** (Streptococcus pyogenes): Penicillin; sehr problematische Therapie bei chron. rezidivierendem Erysipel (→ 1. Wahl: Penicillin G hochdosiert über Monate) • **Aktinomykose:** Penicillin hochdosiert über 4–6 Wochen • **Erythrasma** (große Rezidivgefahr) - **lokal:** Tetrazyklin- oder Clotrimazolsalbe - **Systemisch:** Makrolide (Clarithromycin, Azithromycin) • **Pytiriasis versicolor:** Fluconazol (oral); die Therapie sollte vor Beginn der Sommerzeit abgelaufen sein • **Herpes-Simplex-Viren:** Aciclovir, lokal oder systemisch • **Ggf. chirurgische Exzision** • **Unterstützend:** Antiseptika (Polyhexanid, PVP-Jod, Octenidin)

1.10.3 Onychie

Def	Akute/chronische Infektion des Nagelbetts; ggf. mit Befall der Nagelplatte (bei alleinigem Befall der Nagelplatte noch keine entzündliche Reaktion)
Rf	• Trophischen Störungen des Nagels (Durchblutungsstörungen, Diabetes) • Trauma
Err	• **Pilze:** Dermatophyten (Trichophyton rubrum); seltener pathogen und meist nur als Kontaminaten: Hefepilze (Candida albicans), Schimmelpilze (Aspergillus, Penicillium, Scopulariopsis, Schwärzepilze, z.B. Cladosporium) • **Bakterien:** Staphylokokken, Streptokokken, Enterobakteriazeae (meist sekundär)
Di	• **Klinische Zeichen:** bei chronischem Verlauf aufgetriebene, schwammige, meist gelbliche Nägel (bei fleckenhaftem Befall an DD Psoriasis denken) • **Mikrobiologische Untersuchung** - **Mikroskopie** des Nagelmaterials (am besten vom Übergang des kranken in den gesunden Nagel abnehmen) nach Kalilaugenbehandlung - **Kultur** (Ergebnis oft erst nach Wochen)
Th	• **Entfernung der befallenen Teile des Nagels** • **Antimykotikum lokal:** - Terbinafin - Ciclopirox - Campher (z.B. in Wick VapoRub) • **Antimykotikum oral:** - Fluconazol - Itraconazol - Griseofulvin

1.10.4 Paronychie (Panaritium parunguale)

Def	Akute oder chronische Infektion des Nagelfalz (der proximale und/oder der laterale Wall können betroffen sein)
Rf	• Leichtes Trauma • Eingewachsene Nägel • Diabetes
Err	• **Akute, eitrige Infektionen:** Staphylokokken, Streptokokken, Enterobakteriazeen, Pseudomonas, Anaerobier (Begleiterreger) • **Chronische Verläufe:** Pilze (v.a. Candida), selten Schimmelpilze
Di	• **Klinische Zeichen:** aufgetriebener, geröteter, überwärmter Nagelwall, ggf. Eiterung, lokaler Schmerz, evtl. reduziertes Allgemeinbefinden, Fieber
Th	• **Konservative Therapie:** antiseptische Wundbäder, Ruhigstellung • **Chirurgische Intervention** (bei ausbleibendem Therapieerfolg) **cave:** operative Eingriffe an der Hand nie in Lokalanästhesie (Keime können in tiefere Schichten gelangen und dort sekundär zu Eiterungen führen) • **Antibiotische Therapie** - Amoxicillin + Clavulansäure - Orale Cephalosporine, 2. Gen. - Makrolide (Clarithromycin) - Levofloxacin/Moxifloxacin

1.10.5 Wundinfektionen

Def	Epitheldefekte, die primär oder sekundär infiziert sind durch: • Normale Hautkeime • Körpereigene Keime, z.B. der Darmflora oder aus den oberen Luftwegen • Keime der Umgebung
Rf	• Defekte des Hautepithels • Zerklüftete Wundränder • Durchblutungsstörungen • Diabetes mellitus • Verschmutzung • Radiatio
Err	• **Normale Hautkeime:** Staph. aureus, Staph. epidermidis, Corynebakterien • **Körpereigene Keime:** Enterobacteriaceae (E. coli, Klebsiella spp., Enterobacter spp., Proteus spp., Morganella spp.), Enterokokken (z.B. VRE), Anaerobier, Streptococcus pyogenes (Serogruppe A), Streptococcus agalactiae (Serogruppe B), andere Streptokokken, Candida spp. • **Keime der Umgebung:** Staph. aureus (inkl. MRSA), E. coli (inkl. ESBL), Klebsiella spp. (inkl. ESBL), Pseudomonas aeruginosa, Stenotrophomonas maltophilia, Acinetobacter baumannii, Cl. tetani, Cl. perfringens, Bacillus spp., Schimmelpilze
Di	• **Klinische Zeichen:** Wunde mit gelben, schmierigen Belägen, gerötete Umgebung, Schmerzen, ggf. Fieber • **Inspektion** der Wunde, um - Die Ausdehnung der Infektion zu beurteilen (evtl. Zerstörung von anatomischen Strukturen); ggf. zusätzlich bildgebende Verfahren - Eine Entzündung der Umgebung bzw. eine Progredienz festzustellen - Mit Hilfe von Farbe, Konsistenz und Geruch des Eiters Hinweise auf die ursächlichen Erreger zu bekommen • **Mikrobiologische Untersuchung** (Abstriche → S. 107, Biopsien → S. 105) Mikroskopie, Kultur

Th	• **Chirurgische Debridement**, ggf. auch Wundexzision • **Lokale Desinfektion** mit gewebeverträglichen Antiseptika • **Kalkulierte systemische Antibiotikatherapie:** - Amoxicillin + Clavulansäure - Cephalosporin, 2. Generation - Levofloxacin/Moxifloxacin - Tigecyclin (v.a. bei V.a. multiresistente Hospitalkeime) • **Nicht empfehlenswert:** Honig, Zuckerlösung, Quark, rohe Eier, Farbstoffe (Kristallviolett), Mercurochrom, Borsäure, Alaun, Zinkpaste, lokale Antibiotika
Prä	• Tetanusschutz überprüfen (Cave: Deutsche junge Männer sind meistens überimmunisiert, alte Menschen sind meist nicht ausreichend geimpft!) • Steriler Verband

1.10.6 Diabetischer Fuß

Def	Diabetische Folgeschäden am Fuß, oft mit bakterieller Infektion
Rf	lange bestehender, schlecht eingestellter Diabetes mellitus mit Angiopathie (⇒ Mediasklerose) und Neuropathie
Ko	Bildung von superinfizierten Nekrosen, die die gesamte Extremität gefährden
Err	Meist Mischinfektion aus: • **Keimen der Hautflora:** Staph., ggf. MRSA, Streptokokken, Corynebakterien • **Keimen der Darmflora:** Escherichia coli, Klebsiellen, Proteus • **Umweltkeimen:** Pseudomonas, Acinetobacter • **Anaerobiern**
Di	• **Klinische Zeichen:** schmierige, eitrige Beläge, geröteter Wundsaum (meist am Knöchel), ggf. auch systemische Zeichen (z.B. Fieber) • **Bildgebende Verfahren** (Röntgen, CT): Ausschluss einer ossären Beteiligung • **Angiographie:** Durchblutungsstörungen (Prognosebeurteilung) • **Neurologischer Status:** diabetische Neuropathie • **Mikrobiologische Untersuchung** (→ S.107): Mikroskopie, Kultur
Th	• **Chirurgische Therapie:** Wundpflege, Debridement, Drainage des Eiters • **Kalkulierte Antibiotikatherapie:** - Levofloxacin/Moxifloxacin, i.v./oral - Cefotaxim + Metronidazol (i.v.) - Cotrimoxazol (oral) - Doxycyclin (oral) - Häufige Resistenzen gegen Clindamycin bei Staph., Anaerobiern - MRSA: Linezolid (i.v. oder oral), Tigecyclin • **Hautesinfektionsmittel** (Antiseptikum): z.B. Polihexanid, PVP-Jod, Octenidin
Prä	Tetanusschutz überprüfen (Cave: Deutsche junge Männer sind meistens überimmunisiert, alte Menschen sind meist nicht ausreichend geimpft!)

1.10.7 Nekrotisierende Fasziitis

Def	• Lebensbedrohliche Weichteilinf. mit rasch progredienten Nekrosen der Faszien u. der Umgebung (Muskulatur ist nur wenig beteiligt) u. mit schwerer Systemintoxikation • Eintrittspforte ist meist die Haut - häufig perianal (z.B. bei Operationswunden, aber auch bei Bagatellverletzungen) • Sonderform: Fournier`sche Gangrän der Faszien des Beckens

Ko	• Ausdehnung auf benachbarte Regionen/Körperteile • Schwere systemische Beteiligung (z.B. MOF)
Err	• Reine Infektion mit hämolysierenden Streptokokken der Serogruppe A (Streptococcus pyogenes) • Mischinfektionen mit aeroben und anaeroben Bakterien
Di	• **Klin. Zeichen:** fortschreitendes Erythem, livide Hautveränderungen (v.a. im Zentrum der Nekrosen), starke Schmerzen (lassen nach, wenn das Nervengewebe zerstört ist), Desorientierung bis hin zur Somnolenz, meist keine Lymphknotenschwellung • **Bildgebung** (Sonographie, Röntgenbild): zur Beurteilung der Ausdehnung • **Mikrobiologie** (Abstrich → S. 107, Biopsie → S. 105): Mikroskopie, Kultur → Gasbranderreger (Clostridium perfringens) sollte ausgeschlossen werden!
Th	• **Chirurgische Intervention:** rasche, radikale Exzision der Faszie, Debridement • **Antibiotische Therapie** - Piperacillin + Tazobactam - Cefotaxim + Metronidazol - Tigecyclin (v.a. bei multiresistenten, nosokomialen Keimen)

1.10.8 Gasbrand

Def	Myonekrose durch Clostridien
Rf	Verletzungen mit Ischämie und Gewebsnekrosen (anaerobe Verhältnisse)
Ko	• Nierenversagen bei massiver Muskelnekrose • Hohe Letalität im fortgeschrittenen Krankheitsstadium
Err	• Häufigster Erreger = Clostridium perfringens; weitere Erreger: Clostridium novii, Cl. histolyticum, Cl. septicum,Cl. bifermentans, Cl. sporogenes • Oft Mischinfektion mit aeroben und anaeroben Kokken
Di	• **Klinische Zeichen:** lokal starke Schmerzen, reduzierter Allgemeinzustand, ballonierte Muskulatur (meistens der Extremitäten) mit tastbarem Hautemphysem (Crepitation), kaum Eiter (bakterielle Toxine wirken zytotoxisch) • **Röntgenbild:** Federung der Muskulatur • **Klinische Chemie:** CK ↑↑, Myoglobin ↑↑ • **Mikrobiologische Untersuchung** (Gewebeprobe aus der Übergangszone zwischen krankem und infiziertem Gebiet → S. 105): - **Mikroskopie:** plumpe, grampositive Stäbchen ohne Sporen - **Kultur:** schnellwachsende, gasproduzierende Clostridien
Th	• **Chirurgische Intervention:** Freilegung der Areale und Entfernung der nekrotischen, anaeroben Bezirke, ggf. Amputation • **Antibiotische Therapie** - **Clostridien:** Penicillin G, Metronidazol - **Mischinf.:** Piperacillin + Tazobactam • **Hyperbare Oxygenation:** nur in wenigen Zentren möglich; wenig effizient

1.10.9 Panaritium cutaneum, subcutaneum, subunguale, tendinosum, ossale, articulare

Def	Intrakutane Eiterung an Finger oder Zehe
Rf	• Vorangegangenes Trauma • Andere Infektionsherde (Erregerausbreitung per continuitatem/hämatogen)

Ko	Infektion kann unter der Haut, ggf. auch unter dem Nagel fortschreiten in tiefere Schichten und auf benachbarte Strukturen übergreifen (Sehnen, Knochen, Gelenke)
Err	Staphylokokken; seltener: Streptokokken, Enterobacteriaceae, Pseudomonas
Di	• **Klinische Zeichen:** beim Panaritium cutaneum initial oft nur diskrete Entzündungszeichen, bei voller Ausprägung lokale Rötung, pochende Schmerzen, ggf. Lymphangitis bzw. Lymphadenitis der regionalen Lymphknoten (→ S.56) • **Bildgebende Verfahren** (Rö, CT): zur Beurteilung der Ausdehnung der Läsion
Th	• **Chirurgische Therapie:** Inzision und Drainage • **Antibiotikatherapie:** - Amoxicillin + Clavulansäure - Orale Cephalosporine, 2. Generation - Makrolide - Levofloxacin, Moxifloxacin

1.10.10 Bissverletzungen

Def	Bissverletzungen sind potenziell kontaminierte Wunden, da sich Erreger aus der Mundhöhle von Mensch/Tier in der Wunde bei niedriger O_2-Versorgung rasch vermehren • Spitze Zähne ⇒ Stich-, Risswunden • Mahlzähne ⇒ Quetschwunden
Rf	Das Infektionsrisiko hängt von Tiefe und Ausmaß der Verletzung ab
Ko	• Infektiöse Metastasierung v.a. mit Osteomyelitis (→ S.56), Spondylodiszitis (→ S.57) • Tetanus (→ S.55) • Tollwut
Err	• **Menschenbiss** - **Bakterien:** Haemophilus aphrophilus, Capnocytophaga, Eikenella corrodens - **Viren:** Übertragung von z.B. Hepatitis B und C (→ S.35), HIV • **Hundebiss, Katzenbiss** - **Bakterien:** v.a. Pasteurella multocida - **Viren:** Übertragung der Tollwut (Cave bei Bissverletzungen durch auffällige Tiere und in tollwutgefährdeten Gebieten, z.B. Indien, Ecuador) • **Rattenbiss** - **Bakterien:** Spirillum minus, Leptospiren - **Oft Mischinfektionen** mit z.B. Streptokokken, Anaerobiern (→ Cl. tetani)
Di	• **Anamnese:** Unterscheidung zwischen Biss von Mensch, Hund, Katze oder Ratte → lässt auf das zu erwartende Keimspektrum rückschließen • **Klinische Zeichen:** Bissverletzung ggf. mit Läsionen von Nerven, Sehnen, Knochenstrukturen • **Bildgebende Verfahren** (Rö, CT): zur Beurteilung des Ausmaßes der Verletzung • **Mikrobiologische Untersuchung:** Kultur (→ S.107), ggf. Serologie (→ S.104) (Hepatitis B/C, Tetanus-Titer, Leptospiren)
Th	• **Chirurgische Therapie:** Debridement, ggf. Exzision bei tiefen Bisswunden • **Antibiotische Therapie** bei manifester Entzündung - **Kalkulierter Therapie** · Amoxicillin + Clavulansäure · Makrolide · Levofloxacin, Moxifloxacin · Tygecyclin - **Spezielle Therapie:** je nach Erreger, z.B. bei Pasteurella multocida Penicillin

Prä	• **Antibiotische Prophylaxe** bei jeder Bisswunde - Amoxicillin + Clavulansäure - Levofloxacin, Moxifloxacin • **Impfung:** Tetanus (→ S.112), ggf. Tollwutimpfung (→ S. 109, S. 114)

1.10.11 Abszess/Phlegmone

Def	• **Abszess:** Eiteransammlung mit bindegewebiger Kapsel; bildet sich meist in Nekrosehöhlen, die durch infektiöse Gewebezerstörung entstanden sind • **Phlegmone:** diffuse Ausbreitung der eitrigen Herde ohne Abkapselung
Ko	• Mikroabszesse können konfluieren • Phlegmonen können sich über Organgrenzen hinweg ausbreiten
Err	• **Bakterien:** Staphylokokken, Streptokokken, Enterokokken, Enterobacteriaceae, Pseudomonas aeruginosa, Anaerobier, Mycobacterium tuberculosis • **Pilze:** Candida spp.
Di	• **Klinische Zeichen** - **Kalte Abszesse** (z.B. durch M. tuberculosis): geringe entzündliche Reaktion - **Warme Abszesse:** heftige entzündliche Reaktion mit Überwärmung und Rötung der Umgebung • **Sondierung:** Objektivierung der Ausdehnung • **Bildgebende Verfahren** (z.B. Sonographie): Objektivierung der Ausdehnung • **Mikrobiologie** (aus Biopsiematerial (→ S. 105): Mikroskopie, Kultur
Th	• **Chirurgische Intervention:** Drainage, Debridement • **Kalkulierte antibiotische Therapie** - Amoxicillin + Clavulansäure (breites Spektrum inkl. Anaerobier) - Cefotaxim + Metronidazol (gegen Enterobacteriazeae und Anaerobier, jedoch Enterokokkenlücke, Schwäche bei Staphylokokken und Streptokokken ⇒ zusätzlich Linezolid geben) - Daptomycin (gegen grampositive Erreger) - Tigecyclin (inkl. nosokomiale Problemkeime, z.B. MRSA, VRE und ESBL)

1.10.12 Tetanus

Def	• **Lokale (Wund-)infektion mit Clostridium tetani** ⇒ system. Intoxikation durch Bakterientoxine ⇒ Wundstarrkrampf/Tetanus neonatorum • **Krankheitsverlauf** - Prodromalerscheinungen: Müdigkeit, Inappetenz - Nach Inkubationszeit (ca. 4–21 Tage): schmerzhafte tonische Krämpfe der quergestreiften Muskulatur; zunächst Befall der Kaumuskulatur ⇒ Trismus und Risus sardonicus, später auch Muskulatur von Nacken und Stamm ⇒ Opisthotonus (Extremitätenmuskulatur ist seltener betroffen)
Rf	• **Schlechte Durchblutung** von geschädigtem Gewebe ⇒ anaerobe Verhältnisse • **Offene Wunden** (z.B. bei unregelmäßigen Wundrändern; v.a. bei Quetsch- und Platzwunden, Stichverletzungen (→ S. 51) • **Nabelschnurreste** • **Alter > 80 Jahre**
Err	Clostridium tetani = anaerobes, sporenbildendes, grampositives Stäbchen

Di	• **Anamnese:** Z.n. Verletzung, letzte Impfung meist Jahrzehnte zuvor • **Klinische Zeichen:** gesteigerte Reflexe, lokale und generalisierte Krämpfe (auslösbar durch geringe äußere Einflüsse, z.B. Licht, Lärm, Zugluft) • **Kultur und Toxinnachweis** → sind bei Clostridium tetani zweitrangig
Th	• **Symptomatische Therapie:** Verhinderung der Krampfanfälle durch Ruhe, Muskelrelaxantien/Narkose • **Antibiotische Therapie:** ist im Stadium der Intoxikation nicht mehr effektiv
Prä	• **Aktive Impfung** (→ S.112): Grundimmunisierung, regelmäßige Auffrischung • **Bei offenen Wunden:** ggf. aktive Auffrischimpfung bzw. Simultanimpfung bei unklarem Impfstatus (aktiver Impfstoff und Hyperimmunglobulin → S. 109)

1.10.13 Lymphadenitis

Def	Entzündliche Lymphknotenschwellung, meist durch Infiltration von Zellen • Reaktiv bei Infektion im Einzugsgebiet der drainierenden Lymphstation (bzw. der Milz als drainierendem Lymphknoten der Blutbahn) • Direkter Befall der Lymphknoten durch speziell lymphotrope Erreger
Ko	• Perilymphadenitis • Phlegmone (→ S.55)
Err	• **Begleitlymphangitis, Lymphadenitis:** können fast alle Erreger auslösen • **Speziell lymphotrope Erreger** (vermehren sich im retikulo-endothelialen System (RES) oder den Lymphozyten), z.B. - **Viren:** EBV, CMV, Rötelnvirus, Humanes T-Zell Leukämie Virus (HTLV1), HIV - **Bakterien:** Bartonella henselae, Rickettsien, M. tuberculosis, atypische Mykobakterien, Treponema pallidum, Calymmatobacterium (= Klebsiella) granulomatis, Yersinia enterocolitica - **Protozoen:** Toxoplasma gondii
Di	• **Anamnese:** Hinweise über Infektionen in der Umgebung, vorangegangene Infektionen, Umgang mit Tieren (v.a. Katzen), Ernährungsgewohnheiten • **Klinische Zeichen:** schmerzhafte Induration, bei akuter, eitriger Entzündung ggf. fluktuierend, evtl. auch ulzerierend, ggf. Fieber, Allgemeinsymptome • **Mikrobiologische Untersuchung:** - **Serologie** (→ S.104): Antikörpernachweis - **Biopsiematerial** (→ S.105): Erregernachweis durch Kultur und PCR
Th	Richtet sich nach dem jeweiligen Erreger

1.10.14 Ostitis, Periostitis, Osteomyelitis

Def	• Infektion des Knochengewebes • Betrifft selten nur einzelne Knochenanteile (z.B. Knochenmark, Periost) • Hämatogene, posttraumatische oder postoperative Genese
Ko	• Zerstörung der Epiphysen mit Wachstumsstörungen bei kindlicher Infektion • Chronische Infektion: ggf. Zerstörung der Knochenstruktur ⇒ Belastbarkeit ↓ • Gelenkbeteiligung • Sepsis (→ S.45)

Err	• **Häufig:** Staphylococcus aureus • **Lebensmittelbedingte Infektionen:** Salmonella enterica (speziell Serovar Typhi), Brucella abortus, Brucella melitensis • **Nach Tier- bzw. Menschenbiss** (→ S.54): Pasteurella multocida, Haemophilus aphrophilus, Eikenella corrodens, auch Mischinfektionen (inkl. Anaerobier) • **Nach systemischen Infektionen:** Mycobacterium tuberculosis, Coccidioides immitis, Histoplasma capsulatum, Cryptococcus
Di	• **Klinische Zeichen:** lokaler Schmerz (v.a. bei Belastung), Schwellung, evtl. eitriger Durchbruch, Fistelbildung, reduziertes Allgemeinbefinden • **Klinische Chemie, Blutbild:** BSG und CRP ↑, Leukozytose • **Röntgen:** Objektivierung des Ausmaßes der Zerstörung • **Mikrobiologische Untersuchung** - **Probe aus dem Eiterherd:** Mikroskopie, Kultur (auf Mycobakterien achten!) - **Blutuntersuchung** (→ S.104): · **Kultur** · **Antikörper:** Brucella, Salmonella enterica typhi, Coccidioides, Histoplasma (bei v.a. lebensmittelbedingte Infektion bzw. Aufenthalt in Endemiegebieten) · **Antigennachweis** (Blut, Urin): Cryptococcus
Th	• **Chirurgische Therapie** • **Kalkulierte antibiotische Therapie** - Aminopenicilline (Ampicillin, Amoxicillin, Piperacillin) - Cephalosporine der 2. Generation - Moxifloxacin, Levofloxacin - Clindamycin: nicht empfehlenswert, da häufig Resistenzen • **Spezielle antibiotische Therapie** - Staph. aureus: Flucloxacillin - MRSA: Linezolid, Daptomycin - Brucella: Doxycyclin - Pilzinfektion: Voriconazol, Posaconazol - Tuberkulose: spez. Kombinationen • **Therapiedauer:** Meist wochen- oder monatelang

1.10.15 Spondylodiszitis

Def	• **Infektion der Bandscheibe:** primär mit anschließendem Übergreifen auf den Wirbelkörper oder sekundär bei primärer Infektion des Wirbelkörpers • **Ursachen** - **Endogene Streuung:** aus entferntem Streuherd, z.B. Wunde (→ S. 51, → Staph. aureus); Bissverletzung (→ S. 54; → Pasteurella multocida); per continuitatem von einem benachbarten Herd; bei disseminierter Inf. (Brucellose, Typhus, Tuberkulose) - **Exogene Ursachen:** Trauma, Operation, Injektionen
Rf	• Alter • Diabetes
Ko	• Abszesse (→ S.55) • Destruktion von Wirbelkörpern ⇒ ggf. Querschnittslähmung • Pleuraempyem (→ S.29) • Septische Ausbreitung (→ S.45) • Meningitis (→ S.7)
Err	• **Bakterien:** Staph. aureus (häufigster Erreger), Staph. epidermidis, Streptokokken, Enterokokken, E. coli, Salmonella enterica, Brucella melitensis, Pasteurella multocida, Eikenella corrodens, Pseudomonas aeruginosa, M. tuberculosis • **Pilze** (seltener): Hefepilze (posttraumatisch), Schimmelpilze (v.a. bei Leukämiepatienten mit Neutropenie), dimorphe Pilze, z.B. Coccidioides, Histoplasma (nach Aufenthalten in Endemiegebieten)

Di	• **Klinische Zeichen:** Schmerz (ähnlich einer degenerativen Wirbelsäulenveränderung), Fieber, reduziertes Allgemeinbefinden • **Klinische Chemie, Blutbild:** Leukozytose, Linksverschiebung, CRP ↑ (CRP dient als Marker für die Verlaufskontrolle) • **Radiologische Zeichen** (oft erst nach 2–6 Monaten sichtbar; MRT besser als CT): entzündliche Veränderungen der Bandscheibe und der Wirbelkörper • **Entzündungsszintigraphie mit Tc-99m** (in der Regel ist MRT jedoch ausreichend) • **Mikrobiologische Untersuchung** - **Blut** (→ S.104): Kultur, Antistaphylolysin-Antikörper-Nachweis (→ V.a. Staph. aureus) - **Biopsie** (→ S.105): Kultur
Th	• Allgemein: Schmerztherapie, Ruhigstellung • **Chirurgische Therapie:** Debridement, ggf. operative Entlastung und mechanische Stabilisierung • **Kalkulierte antibiotische Therapie** (mindesten 4–6 Wochen i.v., dann ggf. Umstellung auf orale Gabe): - Cefazolin - Chinolone, z.B. Levofloxacin, Moxifloxacin - Linezolid (wirkt nur bei grampositiven Erregern) - Fosfomycin als Kombinationspartner (gute Knochengängigkeit) - Tetrazykline, v.a. Doxycyclin (gute Knochengängigkeit) - Nicht empfehlenswert: Vancomycin (wegen der schlechten Gewebepenetration), Clindamycin (häufig Resistenzen)

1.10.16 Arthritis

Def	**Akute oder chronische Gelenkentzündung** • **Infektiöse Genese** - **Direkte Infektion** (hämatogen/per inoculationem) ⇒ eitrige Entzündung - **Parainfektiös** (reaktiv): Immunreaktion gegen Erreger; bei Antigenhomologie ("antigenic mimikry"): Autoimmunreaktion durch Immunkomplexe in den Gelenkkapseln ⇒ meistens seröse Entzündung • **Andere Ursachen:** degenerative Veränderungen, mechanische Reizungen
Ko	• Funktionseinschränkung • Disseminierung
Err	• **Erreger einer direkten Infektion** - **Bakterien:** Neisseria gonorrhoeae, Streptococcus pneumoniae, Borrelia burgdorferi, Staph. aureus, Enterobacteriaceae, Pseudomonas aeruginosa, Chlamydia trachomatis, Haemophilus influenzae - **Pilze:** Candida spp. • **Erreger bei parainfektiöser Arthritis** - **Bakterien:** Streptococcus pyogenes (akutes rheumatisches Fieber), Yersinia enterocolitica, Campylobacter jejuni, Shigella flexneri, Salmonella enterica, Treponema pallidum, Chlamydia trachomatis, Chlamydophila (Chlamydia) pneumoniae, Mycoplasma arthritidis, Brucella spp. - **Viren:** Hepatitis-B-Virus, Alpha-Viren, Coxsackie-Viren, Parvovirus B19

Di

- **Anamnese:** gibt Hinweise auf mögliche Ursachen der Arthritis
- **Klinische Zeichen:** Rötung, Schwellung, schmerzhafte Funktionseinschränkung
- **Ggf. Gelenkpunktion und Untersuchung des Punktats** (→ S.103)
  - **Chemische Analyse:** eiweißreiches Exsudat
  - **Zytologische Analyse:** manchmal zellreiches Exsudat mit:
    - Granulozyten bei akut eitriger Infektion
    - Lymphozyten bei chronischer/parainfektiöser Genese
  - **Mikrobiologische Untersuchung:** Mikroskopie, Kultur
- **Blutuntersuchung** (→ S.104)
  - **Serologie:** Antikörpernachweis (nicht in der Punktatflüssigkeit)
  - **Ggf. Nachweis von HLA-B27** → genetische Prädisposition für reaktive Arthritis

Th

- **Reaktive Arthritis:** symptomatische Therapie mit nicht-steroidalen Antiphlogistika; bei chronischen Verläufen evtl. Synovektomie
- **Infektiöse Arthritis:** kalkulierte antibiotische Therapie z.B. mit Doxycyclin

1.11 FUO („fever of unknown origin")

Def

- **Fieber unklarer Genese** (auch im Rahmen von Infektionen unklarer Ätiologie und Lokalisation)
- **Kriterien**
  - Temperatur steigt auf > 38,3°C für mindestens 1 h oder 2 x am Tag
  - Temperaturerhöhung ist nicht durch Medikamente, die Grundkrankheit oder die Gabe von Blutprodukten bedingt
- Häufige Quelle: Lungeninfektionen

Rf

Immunschwäche, speziell bei Neutropenie (< 500 Granulozyten/mm^3)

Err

- **Nach Definition eigentlich unbekannt**
- **Mögliche Erreger**
  - V.a. Bakterien und Pilze (Hefepilze und Schimmelpilze), darunter auch außergewöhnliche, opportunistische Erreger wie Legionella, Pneumocystis und CMV
  - Auch eine Vielzahl anderer Viren kommt infrage

Di

- **Blutkulturen** (→ S.104): möglichst vor der ersten Antibiotikagabe
- **Fokussuche**

Th

- **Kalkulierte parenterale Antibiotikatherapie:** innerhalb von 2 h nach Fieberbeginn!
  - **Präparat mit Pseudomonas-Wirksamkeit wählen**, z.B.:
    - Imipenem
    - Piperacillin + Tazobactam
    - Cefepime
    - Chinolone (Ciprofloxacin, Levofloxacin)
    - Glykopeptid (Vancomycin, Teicoplanin)
- **Fluconazol dazugeben** (mögliche Beteiligung von Sprosspilzen)
- **Bei V.a. Schimmelpilzinfektion:**
  - liposomales Amphotericin B
  - Voriconazol bzw. Posaconazol
  - Echinocandin (Caspofungin, Anidulafungin)

Prä

- Cotrimoxazol (Suppression von Pneumozystis)
- Posaconazol bei Neutropenie (Vermeidung einer Aspergillose)
- Isolierung von Risikopatienten in Räumen mit HEPA-Filter
- Gekochte Nahrung

2 Erreger

2.1 Allgemeines

Die Einteilung der Cephalosporine in den folgenden Tabellen richtet sich nach der Paul-Ehrlich-Gesellschaft-Empfehlung für parenterale Cephalosporine:

- **Gruppe 1:** Cefazolin
- **Gruppe 2:** Cefuroxim, Cefotiam, Cefamandol
- **Gruppe 3a:** Cefotaxim, Ceftriaxon, Ceftizoxim, Cefmenoxim
- **Gruppe 3b:** Ceftazidim, Cefepim, Cefoperazon
- **Gruppe 4** Cefsulodin
- **Gruppe 5:** Cefoxitin

Bei Wirkstoffen, die kursiv und in runden Klammern gedruckt sind, handelt es sich um Wirkstoffe, die zwar nicht in Therapieempfehlungen aufgeführt sind, aber gegen den entsprechenden Erreger als empfindlich gelten. Sie sind als Reserve/2. Wahl gedacht

2.2 Bakterien

Erreger	Therapie der 1. Wahl	Alternative
Acinetobacter baumannii	**Ceftazidim** oder **Amikacin + Fluorochinolon**	Carbapenem (Resistenz mögl.), Ampicillin/Sulbactam, Tigecyclin, Colistin
Acinetobacter lwoffi	**Ampicillin/Sulbactam**	Carbapenem (Resistenz möglich), Tigecyclin
Actinomyces israeli u.a. Actinomyces sp.	**Penicillin G** oder **Ampicillin**	Doxycyclin, Ceftriaxon
Aeromonas spp.	**Fluorochinolon**	Cotrimoxazol, Carbapenem
Alcaligenes (Achromobacter) xylosoxidans	**Carbapenem**	Ceftazidim
Arcanobacterium haemolyticum	**Penicillin ± Aminogylycosid**	Makrolide, Ciprofloxacin
Bacillus anthracis	**Ciprofloxacin/Levofloxacin** bei Lungenmilzbrand zusätzlich Clindamycin + Rifampicin	Doxycyclin, Ampicillin (wenn sensibel)
Bacteroides-fragilis-Gruppe	**Metronidazol, Clindamycin**	Cefoxitin, Carbapenem
Bartonella henselae, Bartonella quintana	**Makrolid**	Doxycyclin ± Rifampicin, Ciprofloxacin
Bordetella pertussis	**Makrolide**	Cotrimoxazol
Borrelia burgdorferi	**Doxycyclin, Ceftriaxon**	Makrolide, Penicillin G, Ampicillin
Borrelia recurrentis Borrelia duttonii u.a. Rückfallfieber-Borrelien	**Doxycyclin**	Makrolide, Penicillin

Brucella sp.	**Doxycyclin + Rifampicin** od. **Gentamicin** od. **Streptomycin**	Rifampicin + Cotrimoxazol oder Fluorochinolon
Burkholderia cepacia	**Cotrimoxazol, Carbapenem**	Fluorochinolon, Ceftazidim
Burkholderia mallei	**Ceftazidim, Carbapenem**	Sulfadiazin, Cotrimoxazol, Gentamicin
Burkholderia pseudomallei	**Ceftazidim, Carbapenem**	Erythromycin, Cotrimoxazol, *(Amoxicillin/Clavulansäure, Imipenem)*
Calymmatobacterium (Klebsiella) granulomatis	**Azithromycin, Doxycyclin**	Erythromycin, Cotrimoxazol
Campylobacter jejuni	**Erythromycin und andere Makrolide**	Fluorochinolon (Resistenz möglich)
Campylobacter fetus	**Carbapenem**	Aminoglykosid
Capnocytophaga canimorsus	**Ampicillin/Beta-Lactamase-hemmer**	Fluorochinolon
Cardiobacterium hominis	**Penicillin G ± Aminoglykosid, Ceftriaxon, Cefotaxim**	Vancomycin, Ciprofloxacin
Chlamydia pneumoniae	**Doxycyclin**	Makrolide, Fluorochinolon
Chlamydia psittaci	**Doxycyclin**	Makrolide
Chlamydia trachomatis	**Doxycyclin, Makrolide**	Fluorochinolon
Chryseobacterium meningosepticum	**Vancomycin + Rifampicin (RMP)**	Cotrimoxazol, Fluorochinolone
Citrobacter freundii	**Carbapenem**	Fluorochinolone
Citrobacter koseri (diversus)	**Carbapenem**	Ciprofloxacin, Aminoglykoside
Clostridium difficile	**Metronidazol p.o.**	Vancomycin p.o.
Clostridium perfringens	**Penicillin G + Clindamycin**	Metronidazol, Carbapenem
Clostridium tetani	**Metronidazol, Penicillin G**	Tetracyclin, Imipenem
Corynebacterium diphtheriae	**Penicillin G**	Cephalosporine Gruppe 1, Erythromycin
Corynebacterium jeikeium, C. urealyticum	**Vancomycin**	Penicillin G + Tobramycin
Coxiella burnetii	**Doxycyclin**	Makrolide
– Akute Erkrankung	**Doxycyclin**	Levofloxacin
Ehrlichia chaffeensis, Anaplasma (Ehrlichia) phagocytophila	**Doxycylin**	Tetrazyklin
Ehrlichia spp.	**Doxycyclin**	Tetrazyklin, Rifampicin, Chinolone
– Chron. Erkrankung	**Doxycyclin + Rifampicin**	Levofloxacin + Rifampicin

Eikenella corrodens	**Penicillin G, Aminopenicilline ± Beta-Lactamasehemmer**	Cotrimoxazol, Fluorochinolone
Enterobacter sp.	**Imipenem**	Piperacillin/Tazobactam, Aminoglykoside
Enterococcus faecalis	**Ampicillin + Gentamicin**	Vancomycin (+ Gentamicin), Linezolid, Daptomycin
Enterococcus faecium - Vancomycin sensibel	**Vancomycin**	Teicoplanin, Quinupristin/Dalfopristin, Linezolid, Daptomycin, Tigecyclin
- Vancomycin resistent (VRE)	**Linezolid, Daptomycin, Tigecyclin**	Quinupristin/Dalfopristin
Erysipelothrix rhusiopathiae	**Penicillin G; Ampicillin**	Cefazolin
Escherichia coli	**Ampicillin/Amoxicillin, Trimethoprim, Cotrimoxazol** (sehr stark von der lokalen Resistenzsituation abhängig)	Cefuroxim, Cefotaxim
Francisella tularensis	**Streptomycin, Gentamicin**	Doxycyclin
Fusobacterium	**Penicillin**	Metronidazol
Gardnerella vaginalis	**Metronidazol**	Aminopenicilline
Gonokokken	**Ciprofloxacin, Azithromycin, Cefixim** (WHO-Empfehlung: orale Einmalgabe bei unkomplizierter Gonorrhoe)	Ceftriaxon (WHO-Empfehlung: intramuskuläre Einmalgabe bei unkomplizierter Gonorrhoe) Ciprofloxacin (bis zu 50% Resistenzrate in Deutschland)
Hafnia alvei	s. Enterobacter spp. (siehe dort)	
Haemophilus ducreyi	**Ceftriaxon, Azithromycin**	Amoxicillin/Clavulansäure, Fluorochinolone
Haemophilus influenzae		
- Meningitis, Epiglottitis, lebensbedrohliche Erkr.	**Cefotaxim, Ceftriaxon**	Cotrimoxazol, Ampicillin, Chinolone
- Nicht lebensbedrohliche Erkrankung	**Amoxicillin/Clavulansäure, Cefaclor, Cefuroxim**	Clarithromycin, Azithromycin
Helicobacter pylori	**PPI + Clarithromycin + Amoxicillin**	PPI + Clarithromycin + Metronidazol
Klebsiella pneumoniae, K. oxytoca	**Cephalosporine, Chinolone Gr. 3/ Gr. 4**	Cotrimoxazol, Tetrazykline
Klebsiella ozaeneae, K. rhinoscleromatis	**Chinolone**	Rifampicin + Cotrimoxazol
Lactobacillus sp.	**Penicillin G, Aminopenicilline**	Clindamycin, Erythromycin
Legionella sp.	**Makrolide**	Levofloxacin (±Rifampicin)

Leptospiren	**Penicillin, Ampicillin**	Doxycyclin
Listeria monocytogenes	**Amoxicillin, Penicillin G** (ggf. + Gentamicin)	Cotrimoxazol, Erythromycin, Moxifloxacin
Meningokokken	**Penicillin G, Rifampicin** (Expositionsprophylaxe mit Chinolonen)	Ceftriaxon, *(Cefuroxim, Cefotaxim)*
Moraxella (Branhamella) catarrhalis	**Amoxicillin/Clavulansäure**	Cotrimoxazol, Cefuroxim
Morganella sp.	**Ceftriaxon**	Imipenem, Aminoglykoside, Fluorochinolone, Cotrimoxazol
Mycobacterium avium-intracellulare		
– Akuttherapie	**Clarithromycin + Ethambutol** (EMB) **(Rifabutin)**	Azithromycin + Ethambutol (evtl. + Rifabutin)
– Erhaltungstherapie	**Clarithromycin + Ethambutol**	Azithromycin + Ethambutol
– Primärprophylaxe	**Azithromycin**	Clarithromycin
Mycobacterium fortuitum	**Clarithromycin + Cotrimoxazol + Amikacin**	Sulfonamide + Tetrazykline + Clarithromycin
Mycobacterium kansasii	**Rifampicin (Rifabutin) + INH + Ethambutol + Levofloxacin (Sparfloxacin)**	Rifampicin (Rifabutin) + Prothionamid + Amikacin + Clarithromycin
Mycobacterium marinum	**Cotrimoxazol (evtl. + Chinolone), Clarithromycin**	Minocyclin od. Rifampicin + Ethambutol
Mycobact. tuberculosis		
– Akut bronchopulmonal	**Standardtherapie:** Isoniazid (INH) + RMP + PZA + EMB (2 M.), dann INH + RMP (4 M.) **od.** (v.a. Kleinki.): INH + RPM + PZA + Streptomycin (2 M.) dann INH + RMP (4 M.)	3fach Schema (INH + RMP + PZA über 2 M., dann INH + RMP über 4 M.) nur wenn kein Anhalt für Resistenz + keine Kavernen
– Resistenzen (R), – Unverträglichkeiten (U)	**INH-R/U:** RMP + PZA + EMB + Streptomycin (2 M.), dann RMP + EMB (7-10 M.) **RMP-R/U:** INH +PZA + EMB + Streptomycin (2 M.), dann INH + EMB (10-16 M.)	Multiresistenz (INH + RMP): PZA + EMB + Protionamid + Fluorochinolon + Amikacin +/- Terizidon (3-6 M.), dann ggf. Reduktion auf EMB + Protionamid + Chinolon (Gesamt-therapiedauer ≥ 24 M., optimale Th.-Überwachung)
– Miliar-Tbc, Tbc-Meningitis	**INH+RMP+PZA+Streptomycin + Steroide** (system.)	
Mycoplasma pneumoniae	**Makrolide inkl. Telithromycin**	Doxycyclin, Chinolone

Nocardia asteroides	**Cotrimoxazol, Sulfonamide** (Bei pulmonaler u. disseminierter Inf. ini. Imipenem +/- Amikacin)	Minocyclin; Amikacin + Imipenem od. Ceftriaxon/ Cefuroxim (bei Hirnabszess)
Nocardia brasiliensis	**Cotrimoxazol, Sulfonamide** (Bei pulmonaler u. disseminierter Inf. ini. Imipenem +/- Amikacin)	Amoxicillin/Clavulansäure; Amikacin + Ceftriaxon (hoch dosiert), Carbapeneme
Pasteurella multocida	**Penicillin G, Amoxicillin**	Doxycyclin
Peptokokken	**Penicillin, Amoxicillin/ Clavulansäure**	Clindamycin, Erythromycin, Vancomycin, Tetrazykline
Peptostreptokokken	s. Peptokokken (→ S.64)	
Pneumokokken		
– Penicillin sensibel	**Penicillin G, Penicillin V, (Aminopenicilline)**	Makrolide (nur bei Penicillinallergie)
– Penicillin resistent	**Chinolone Gruppe 3/4 Cefotaxim,** *(Cotrimoxazol)*	Linezolid, Imipenem
Porphyromonas, Prevotella	**Penicillin**	Metronidazol, Clindamycin
Proteus mirabilis	**Cephalosporine (Gruppe 2, 3a, 3b), Ampicillin**	Aminoglykoside, Carbapeneme, Chinolone
Proteus vulgaris	**Cephalosporine Gr. 3a, 3b, Ciprofloxacin, Levofloxacin, Moxifloxacin, Piperacillin/ Tazobactam**	Aminoglykoside, Carbapeneme
Providencia sp.	**Cephalosporine (Gr. 3a, 3b), Chinolone**	Aminoglykoside, Carbapeneme, Cephalosporine Gruppe 5
Pseudomonas aeruginosa	**Piperacillin/Tazobactam (+ Aminoglykosid), Ceftazidim (+ Amino-glykosid), Cefepime**	Carbapenem (+ Aminoglykosid), Ciprofloxacin
Rhodococcus equi	**Vancomycin, Carbapenem** (Kombi-Th. zu erwägen)	Erythromycin od. Imipenem + Rifampicin, Chinolone
Rickettsien	**Doxycyclin**	Chinolone, Chloramphenicol
Salmonella enterica	**Ciprofloxacin, Ceftriaxon**	Ampicillin, Cotrimoxazol
Serratia marcescens	**Cephalosporine Gr. 3a, 3b, Chinolone**	Carbapeneme, Aminoglykoside
Shigella sp.	**Ciprofloxacin**	Cotrimoxazol, Ampicillin

Staph. aureus		
– Methicillin sensibel	**Flucloxacillin, Oxacillin**	Cephalosporine Gr. 1 u. 2, Penicillin G (bei penicillinempfindlichen Stämmen)
– Methicillinresistent	**Vancomycin**	Linezolid, Daptomycin, Tigecyclin, Ceftobiprole
Staph. epidermidis	s. Staphylococcus aureus (→ S.65) (häufig nur Kolonisator)	
Streptobacillus moniliformis	**Penicillin**	
Strept. pneumoniae	s. Pneumokokken (→ S.64)	
Strept. pyogenes	**Penicillin**	Makrolide (Penicillinallergie), Cephalosporine Gr. 1, Chinolon Gruppe 4
Treponema pallidum	**Penicillin G**	Cephalosporin Gruppe 3 (WHO-Empfehlung: Schwangere mit nicht-anaphylaktischer Penicillinallergie) Makrolide (WHO: Schwangere mit Penicillinallergie vom Soforttyp, Versagerrisiko ↑) Doxycyclin/Tetrazykline
Ureaplasma	**Makrolide, Tetrazykline**	Chinolone Gruppe 2
Vibrio cholerae	**Tetrazykline** (Verkürzung des Krankheitsverlaufs möglich)	
Vibrio parahemolyticus	**Tetrazykline, Chinolone** (keine Verkürzung des Krankheitsverlaufs)	
Xanthomonas maltophilia	**Cotrimoxazol**	Ticarcillin/Clavulansäure, Aztreonam (+ Ticarcillin/ Clavulansäure)
Yersinia enterocolitica	**Chinolone, Cephalosporine Gruppe 3a**	Cotrimoxazol, Doxycyclin, Aminoglykoside
Yersinia pestis	**Streptomycin, Gentamicin**	Doxycyclin, Chloramphenicol
Yersinia pseudotuberculosis	**Chinolone, Cephalosporine Gruppe 3**	Cotrimoxazol, Doxycyclin

2.3 Viren

Enterovirus (Meningitis)	keine spezifische Therapie
Hämorrhag. Fieber	Ribavirin
Hepatitis-A-Virus	keine spezifische Therapie

Hepatitis-B-Virus	IFN alpha, Lamivudin, Adefovir, Telbivudin	
Hepatitis-C-Virus	IFN alpha + Ribavirin	
Cytomegalie-Virus	**Ganciclovir, Valganciclovir**	Foscarnet, Cidofovir
Epstein-Barr-Virus	keine bekannt	
Humanes Herpes-Virus 6	keine bekannt	
Humanes Herpes-Virus 7	keine bekannt	
Humanes Herpes-Virus 8	keine bekannt	
Herpes-Simplex-Virus	**Aciclovir, Valaciclovir**	Famciclovir
Varizella-zoster-Virus	**Aciclovir, Valaciclovir**	Brivudin
Influenzaviren	**Oseltamivir**	Zanamivir
Masern-Virus	keine spezifische Therapie	
Papilloma-Virus	Imiquimod	
Parvovirus B19	keine spezifische Therapie bekannnt	
Papova-/Polyoma-Virus	keine spezifische Therapie bekannnt	
Repiratory Syncytial Virus	Ribavirin	
Rhinoviren	keine spezifische Therapie bekannnt	

2.4 Pilze

2.4.1 Hefepilze

Candida sp.	**Fluconazol**	Amphotericin B, Itraconazol, Echinocandine

2.4.2 Sprosspilze

Cryptococcus neoformans	Flucoazol + Amphotericin B + Flucytosin	
Malassezia furfur, (Pityrosporum ovale)	**Ketoconazol topisch od. systemisch**	Fluconazol, Itraconazol
Pityriasis versicolor	**Ketoconazol topisch/system.**	Fluconazol, Itraconazol

2.4.3 Schimmelpilze

Aspergillus fumigatus	**Voricanazol, Posaconazol Amphotericin B**	Caspofungin, Itraconazol
Penicillium marneffei [Penicillosis]	**Amphotericin B**	Itraconazol
Systemische Pilzinfektion bei immunsuppr. Patienten in SO-Asien		
Schwärzepilze (Cladosporium-, Fonsecaea-, Phialophora-Arten)	**Amphotericin B, Posaconazol**	

2.4.4 Dermatophyten		
Microsporum spp.	**Terbinafin**	Itraconazol
Trichophyton spp.	lokal Terbinafin, oral Terinafin oder Azole	
Epidermophyton spp.	s.o.	
2.4.5 Dimorphe Pilze		
Blastomyces	**Itraconazol, Voriconazol, Posaconazol**	Amphotericin B
Coccidioidomycose	**Fluconazol, Voriconazol, Posaconazol**	Amphotericin B
Histoplasma capsulatum	**Amphotericin B, Voriconazol, Posaconazol**	Itraconazol
Sporothrix schenckii (Zygomyzeten)	**Itraconazol**	Kaliumjodid (oral)
2.4.6 Andere		
Encephalitozoon intestinalis, E. hellem/cuniculi	**Albendazol**	
Enterocytozoon bieneusi	**Fumagillin**	
Pneumocystis jiroveci	**Cotrimoxazol, Dapson + Trimethoprim**	Atovaquon, Pentamidin, Echinocandine

2.5 Parasiten

2.5.1 Intestinale Protozoen		
Balantidium coli	**Tetrazyklin**	Metronidazol, Iodoquinol
Blastocystis hominis	**Metronidazol**	Cotrimoxazol, Iodoquinol
Cryptosporidium parvum	**Nitazoxanid**	Paromomycin
Cyclospora cayetanensis	**Cotrimoxazol**	
Dientamoeba fragilis	**Metronidazol**	Tetrazyklin, Iodoquinol, Paromomycin
Entamoeba histolytica	**Metronidazol + Diloxanidfuroat** oder **Paromomycin**	Tinidazol, Nimorazol, Chloroquin, Iodoquinol
Giardia lamblia	**Metronidazol**	Tinidazol, Nimorazol Albendazol, Paromomycin
Isospora belli	**Cotrimoxazol**	Pyrimethamin
2.5.2 Extraintestinale Protozoen		
Acanthamoeba species	**Pentamidin** **Keratitis: Chlorhexidin**	Ketoconazol, Itraconazol, Fluconazol, Cotrimoxazol, Rifampicin, Sulfadiazin
Babesia microti	**Chinin + Clindamycin**	Atovaquon + Azithromycin

Leishmania brasiliensis-Komplex	**Natriumstiboglukonat, Megluminantimonat**	Liposomales Amphotericin B Pentamidin
Leishmania donovani-Komplex	**Liposomales Amphotericin B**	Natriumstiboglukonat, Megluminantimonat, Pentamidin, Paromomycin, Miltefosine
L. mexicana-Komplex u.a. (neue Welt) **L. tropica + major** (alte Welt)	**Paromomycin topisch, Natriumstiboglukonat, Megluminantimonat**	Pentamidin, Ketoconazol, Fluconazol, Miltefosine
Naegleria fowleri	**Amphotericin B**	Miconazol, Rifampicin
Plasmodium falciparum	**Atovaquon/Proguanil**	Mefloquin, Artemether/ Lumefantrin, Chinin + Tetracyclin
Plasmodium malariae	**Chloroquin**	Mefloquin, Atovaquon/ Proguanil
Plasmodium ovale	**Chloroquin, Primaquin**	
Plasmodium vivax	**Chloroquin, Primaquin**	Mefloquin, Chinin
Internet-Link: Tropeninstitute: www.dtg.mwn.de		
Toxoplasma gondii	**Pyrimethamin + Sulfadiazin**	Spiramycin, Clindamycin, Clarithromycin, Azithromycin, Dapsone, Cortrimoxazol
Trichomonas vaginalis	**Metronidazol**	Tinidazol
Trypanosoma brucei gambiense	**Pentamidin ZNS-Invasion: Eflornithin**	Suramin, Melarsoprol
Trypanosoma brucei rhodesiense	**Suramin ZNS-Invasion: Melarsoprol**	Pentamidin, Eflornithin
Trypanosoma cruzi	**Nifurtimox**	Benznidazol
2.5.3 Nematoden mit Darminfestation		
Ancylostoma duodenale	**Mebendazol**	Albendazol, Levamisol, Pyrantel
Ascaris lumbricoides (Spulwurm)	**Mebendazol**	Albendazol, Pyrantel, Piperarzin
Enterobius vermicularis (Madenwurm)	**Pyrvinium**	Mebendazol, Albendazol, Pyrantel
Necator americanus	**Mebendazol**	Albendazol, Levamisol, Pyrantel
Strongyloides stercoralis (Zwergfadenwurm)	**Albendazol**	Ivermectin, Tiabendazol
Trichostrongylus spp.	**Mebendazol**	Albendazol
Trichuris trichiura (Peitschenwurm)	**Mebendazol**	Albendazol

2.5.4 Nematoden, Blut- und Gewebeparasitisch		
Ancylostoma duodenale	**Mebendazol, Thoabendazol**	
Ancylostoma caninum: (Larva migrans, kutane)	**Thiabendazol lokal**	
Anisakis simplex	**Thiabendazol**	
Brugia malayi B. timori	**Diethylcarbamazin**	Ivermectin, Albendazol
Dracunculus medinensis	langsame Extraktion	additiv Metronidazol
Gnathostoma spinigerum	**Albendazol**	Ivermectin
Loa loa	**Diethylcarbamazin**	Ivermectin, Albendazol
Mansonella ozzardi	**Ivermectin**	Albendazol, Mebendazol
Mansonella perstans	**Ivermectin**	Albendazol, Mebendazol
Mansonella streptocerca	**Ivermectin**	Diethylcarbamazin
Onchocerca volvulus	**Ivermectin**	Diethylcarbamazin
Toxocara canis	**Thiabendazol**	Diethylcarbamazin
Trichinella spiralis	**Albendazol**	Tiabendazol, Mebendazol
Wuchereria bancrofti	**Diethylcarbamazin**	Ivermectin, Albendazol
2.5.5 Trematoden (Saugwürmer)		
Clonorchis sinensis	**Praziquantel**	
Darmegel, kleine (Echinostoma, Heterophyes, Metagonimus)	**Praziquantel**	Niclosamid, Tetrachlorethylen
Fasciola hepatica (großer Leberegel)	**Triclabendazol**	
Fasciolopsis buski (Riesendarmegel)	**Praziquantel**	Niclosamid, Tetrachlorethylen
Opisthorchis sinensis (Leberegel)	**Praziquantel**	Albendazol
Paragonimus westermani u.a. spp. (Lungenegel)	**Praziquantel**	Triclabendazol
Schistosoma spp.	**Praziquantel**	Metrifonat (nur S. haematobium), Oxamniquine (nur S. mansoni)
2.5.6 Zestoden (Bandwürmer)		
Echinococcus		
E. granulosus (Hundebandwurm)	**Albendazol**	Mebendazol
E. multilocularis (Fuchsbandwurm)	**Albendazol**	Mebendazol

Intestinale Bandwürmer		
Diphyllobothrium latum (Fischbandwurm)	**Praziquantel**	Mebendazol, Niclosamid
Hymenolepis nana (Zwergbandwurm)	**Praziquantel**	
Taenia saginata (Rinderbandwurm)	**Praziquantel**	Niclosamid, Mebendazol
Taenia solium (Schweinbandwurm)		
– Wurminfektion	**Praziquantel**	Niclosamid, Mebendazol
– Zystizerkose	**Albendazol**	Praziquantel
2.5.7 Ektoparasiten		
Flöhe		
Menschenfloh (Pulex irritans)	Insektizide (Dekontamination verflohter Räume intens. Reinigung (Staubsaugen) zur Ei-Entfernung	symptomatisch Antihistaminika
Läuse		
Kleiderlaus (Pediculus humanus)	Dekontamination betroffener Kleidung (Kochen, Bügeln, Insektizide)	
Kopflaus (Pediculus capitis)	Externa mit **Pyrethrum** od. **Pyrethroiden** (Allethrin, Permethrin) in Komb. mit **Piperonylbutoxid** Säuglinge und Schwangere nur unter ärztlicher Kontrolle und Beachtung der Kontraindikationen	Externa mit Lindan, mech. Entfernung (unterstützt durch Kokosöl oder Essigwasser)
Filzlaus (Phthirus pubis)	siehe Kopflaus	siehe Kopflaus
Milben (Skabies)		
Krätzmilbe (Sarcoptes scabiei)	Externa mit **Benzylbenzoat** oder **Lindan** Säuglinge und Schwangere nur unter ärztlicher Kontrolle und Beachtung der Kontraindikationen	Externa mit Crotamiton od. mit Allethrin in Komb. mit Piperonylbutoxid; Ivermectin 200(-250 [a]) µg/kg po als ED, ggf. Wh. nach 8 d

[a] in D nicht zugelassen

3 Antiinfektiva

3.1 Penicilline

3.1.1 Benzylpenicilline

empf.: Pneumo-, Strepto-, Meningo-, Staphylokokken, Aktinomyceten, Leptospiren, C. diphtheriae, Treponemen, Borrelien, Past.multocida, Fusobakterien, Peptokokken, Clostridien; **resist.:** Enterobakterien, Pseudomonas, B.fragilis, E.faecium, Nocardia, Mycoplasmen, Chlamydien, Beta-Lactamasebildner; **UW:** allerg. Hautreaktionen, Lyell-Syndrom, Anaphylaxie, Vaskulitis, Myoklonien, Krampfanfälle, Mundtrockenheit, Nausea, Erbrechen, Diarrhoe, Herxheimer-Reaktion, BB-Veränderungen, hämolytische Anämie, interstitielle Nephritis, Superinfektion durch resistente Bakterien oder Sprosspilze **KI:** PenicillinÜberempf.; Cave in SZ; **Ink** (Penicilline): Methotrexat, Tetracycline

Penicillin G (Benzylpenicillin) Rp	HWZ 20–50min, Q0 0.4, PPB 45–65%, PRC B, Lact +
Penicillin G *Inf.Lsg. 0.5, 1, 5, 10 Mio IE* **Penicill. Grünenthal** *Inf.Lsg. 1, 5, 10 Mio IE*	**Normal empfindl. Keime:** 1–5 Mio IE/d i.v. in 4–6 Einzelgaben; **Meningitis, Endokarditis:** 20–60 Mio IE/d; **Ngb.:** 0.05-0.1Mio IE/kg/d i.v. in 2 ED; **Ki. 1–12M.:** 0.05–1Mio IE/kg/d i.v. in 3–4 ED; **1–12J.:** 0.05–0.5Mio IE/kg/d i.v. in 4–6 Einzelgaben; **DANI** GFR 46–120: 5 Mio IE in 3 ED; 19–45: 4 Mio IE i. 3 ED; 9–18: 5 Mio IE i. 2 ED; 3–8: 3 Mio IE in 2 ED; < 2: 2 Mio IE in 2 ED
Benzylpenicillin-Benzathin Rp	HWZ Tage bis Wochen
Pendysin *Inj.Lsg. 1.2 Mio IE* **Tardocillin** *Inj.Lsg. 1.2 Mio IE*	**Rezidiv-Pro. rheumat. Fieber:** 1–2 x/M. 1.2Mio IE i.m.; **Lues I u. II:** 2.4Mio IE i.m. (verteilt auf 2 verschied. Inj. Stellen); **Ki. >1M.:** 50000 IE/kg/Woche für 3 W

3.1.2 Oralpenicilline (Phenoxypenicilline)

empf. u. resist.: s. Benzylpenicilline (8.1.1); **UW/KI:** s. Benzylpenicilline (8.1.1)

Azidocillin Rp	HWZ 1h
Infectobicillin H *Tbl. 750mg*	**HNO-, Atemwegs-, Hautinf., Scharlach:** 2 x 750mg p.o.; **Ki. > 6J.:** s. Erw.
Penicillin V (Phenoxymethylpenicillin) Rp	HWZ 35min Q0 0.6 PPB 71–89% PRC B Lact+
Arcasin *Tbl. 1, 1.5 Mio IE; Saft (5ml = 0.3 Mio IE); Trockensaft (5ml = 0.3 Mio IE)* **Infectocillin** *Tbl. 1, 1.5 Mio IE; Saft (5ml = 0.25, 0.3, 0.4, 0.5, 0.75 Mio IE)* **Isocillin** *Tbl. 1.2Mio IE; Trockensaft (5ml = 0.3 Mio IE)* **Ispenoral** *Tbl. 1, 1.5 Mio. IE* **Megacillin oral** *Tbl. 0.6, 1, 1.5 Mio IE; Trockensaft (5ml = 0.3 Mio IE)* **PenHEXAL** *Tbl. 1, 1.5 Mio IE; Trockensaft (4ml = 0.32 Mio IE)* **Penicillin V-ratioph.** *Tbl. 1, 1.5 Mio IE; Trockensaft (5ml=0.4 Mio IE)*	**HNO-, Atemwegs-, Haut-, Mund-Kiefer-Zahn-Inf., Endokarditis-, Rezidiv-Pro. des rheumat. Fiebers, Scharlach, Erysipel, Lymphadenitis:** 3 x 0.6–1.5 Mio IE p.o.; **Ki. <1M.:** 45000-60000 IE/kg/d; **2–3M.:** 40000-64000 IE/kg/d; **4.M.–1J.:** 400000-600000 IE/d p.o. in 3-4 ED; **1–2J.:** 600000-900000 IE/d; **2–4J.:** 900000-1.4Mio IE/d; **4–8J.:** 1.2-1.8Mio IE/d; **8–12J.:** 1.2-2.4Mio IE/d; **DANI** GFR > 15: 100%; < 15: 2 x 0.6–1.5 Mio IE
Propicillin Rp	HWZ 0.5–1h, Q0 0.7, PPB 80–85%
Baycillin *Tbl. 1Mio IE*	**Ind** s. Penicillin V: 3 x 1 Mio IE p.o.; **Ki. < 14J.:** KI

3.1.3 Beta-Lactamase-resistente Penicilline (Isoxazolylpenicilline)

empf. u. resist.: gute Aktivität gg. β-lactamasebildende Staphylokokken; bei den übrigen grampositiven Bakterien jedoch schwächere Aktivität als Penicillin G; **UW/KI:** s. Benzylpenicilline →71

Dicloxacillin Rp	HWZ 0.7h, Q0 0.6, PPB 97%, PRC B, Lact ?
Infectostaph *Kps. 250mg*	**Staph.-Inf.:** 4 x 0.5–1g p.o.; **Ki. bis 3M.:** 3 x 30–50mg/kg; **3M.–1J.:** 4 x 125–250mg; **1–6J.:** 4 x 250–500mg; > **6J.** s. Erw.; **DANI** term. NI: 3 x 1g
Flucloxacillin Rp	HWZ 0.7–1h, Q0 0.3, PPB 92–96%
Fluclox *Inf.Lsg. 1, 2g* **Flucloxacillin Curasan** *Inf.Lsg. 1, 2g* **Staphylex** *TKps. 250, 500mg; Inf.Lsg. 0.25, 0.5, 1, 2g*	**Staph.-Inf.:** 3 x 1g p.o.; 3 x 1–2g i.v., max. 12g/d p.o./i.v.; **Ki.** < **6J.:** 40–50mg/kg/d p.o./i.v. in 3 ED; **6–10J.:** 3 x 250–500mg p.o./i.v.; **10–14J.:** 3–4 x 500mg p.o./i.v.; **DANI** GFR 18: 1.5g i. 4 ED; 8: 1.5g in 3 ED; 2: 1g in 3 ED; 0.5: 2g 1x/d
Methicillin	wegen Toxizität nicht mehr im Handel
Verwendung nur noch zur Resistenzprüfung bei Staphylokokken; **MRSA** = Methicillin-resistant-Staphylococcus-aureus; **MSSA** = Methicillin-sensitive-Staphylococcus-aureus	
Oxacillin Rp	HWZ 23–45min, Q0 0.6, PPB 97%, PRC B, Lact +
Infectostaph *Inf.Lsg. 0.5, 1g*	**Staph.-Inf.:** 4 x 0.5–1g i.v./i.m.; **Ki. bis 3M.:** 3 x 20mg/kg i.v.; bis 1J.: 4 x 20mg/kg i.v.; **1–6J.:** 4 x 250–500mg i.v.; > **6J.:** s. Erw.; **Endokarditis:** 9–12g/d i.v. in 6 ED; **DANI** GFR<30: max. 4 x 1g/d

3.1.4 Breitbandpenicilline (Aminobenzylpenicilline)

empf.: i. Vergleich zu Penicillin G zusätzlich Enterokokken, H.influenzae, E.coli, Listerien, P.mirabilis, Salmonellen, Shigellen; **resist.:** B.fragilis, Pseudomonas, E.faecium, Nocardia, Mykoplasmen, Chlamydien, Beta-Lactamasebildner, Klebsiellen, Yersinien; **UW/KI:** s. Benzylpenicilline →71;
KI (Ampicillin, Amoxicillin): infektiöse Mononukleose; **Ink** (Ampicillin, Amoxicillin): Allopurinol

Amoxicillin Rp	HWZ 1–2h, Q0 0.12, PPB 17–20%, PRC B, Lact +
Amoxicillin-ratioph. *Tbl. 500, 750, 1000mg; Brausetbl. 1000mg; Trockensaft (1Messl.=250, 500mg)* **AmoxiHEXAL** *Tbl. 500, 750, 1000mg; Brausetbl. 1000mg; Saft (1 Messl. = 250, 500mg)* **Amoxypen** *Tbl. 500, 750, 1000mg; Trockensaft (1 Messl. = 250, 500mg)* **Easymox** *Kautbl. 1g; Trinktbl. 250mg* **Infectomox** *Tbl. 1g; Brausetbl. 1g; Trockensaft (1 Messl. = 250, 500, 750mg)* **Jutamox** *Tbl. 500, 750, 1000mg; Trockensaft (1 Messl. = 200mg)*	**HNO-, Atemwegs-, Harnwegs-, abdominelle, Haut-, Weichteilinfektionen, Listeriose:** 3 x 750–1000mg p.o.; **Ki.** < **6J.:** 50mg/kg/d in 3–4 Einzeldosen; **6–12J.:** 900–2000mg/d in 3–4 Einzeldosen; **Endokarditis-Pro.:** 3g p.o. 3h vor Eingriff; **Ki.:** 50mg/kg; **H.P.-Eradikation:** 2 x 1g p.o. + 2 x 500mg Clarithromycin + 2 x 20mg Omeprazol; **DANI** GFR: 20–30: 66%; < 20: 33%
Ampicillin Rp	HWZ 0.9h, Q0 0.06, PPB 20%, PRC B, Lact +
Ampicillin-ratioph. *Tbl. 1g; Inf.Lsg 0.5, 1, 2, 5g* **Binotal** *Inf.Lsg. 1, 2, 5g*	**HNO-, Atemwegs-, Harnwegs-, abdominelle, Haut-, Weichteilinf., Listeriose, Osteomyelitis, Typhus, Meningitis, Endokarditis:** 2–6g/d p.o. in 3–4 ED; 1.5–6g/d i.v. in 2–4 ED, max. 15g/d; **Ki.** > **6J.:** s. Erw.; < **6J.:** 100 (–150–200) mg/kg/d p.o., i.v. in 3–4 ED; **Meningitis** < **6J.:** 200–400mg/kg/d i.v.; **DANI** GFR: 20–30: 66%; < 20: 33%

3.1.5 Breitbandpenicilline mit Pseudomonaswirkung (Acylaminopenicilline)

empf. u. resist.: weitgehend identisch mit Breitbandpenicillinen; Piperacillin: zusätzlich gute Aktivität bei Pseudomonas aeruginosa
UW/KI: s. Benzylpenicilline →71

Mezlocillin Rp	HWZ 0.7–1.1 h, Q0 0.4, PPB 30–40%, PRC B, Lact ?
Baypen *Inf.Lsg. 0.5, 1, 2, 4g*	**Sepsis, Endokarditis, Meningitis, Peritonitis, Pneumonie, abdom., gynäkol., Knochen-, Weichteilinf.:** 3 x 2–5g i.v., bis 2 x 10g i.v. **Ki <3kg:** 2 x 75mg/kg; **>3kg –14J.:** 3 x 75mg/kg; **DANI** GFR > 10: 100%; < 10: Interv. 12h, max. 2 x 5g

Piperacillin Rp	HWZ 1 h, Q0 0.3, PPB 16–21%, PRC B, Lact +
Piperacillin Curasan *Inf.Lsg. 1, 2, 4g* **Piperacillin Eberth** *Inf.Lsg. 2, 4g* **Piperacillin Fresenius** *Inf.Lsg. 2, 4g* **Piperacillin HEXAL** *Inf.Lsg. 1, 2, 3, 4g* **Piperacillin Hikma** *Inf.Lsg. 2, 4g* **Piperacillin-ratioph.** *Inf.Lsg. 1, 2, 4g*	**Ind** s. Mezlocillin: 6–12g/d i.v. in 2–4 Einzeldosen, max. 24g/d **Ki. < 2kg:** 150mg/kg/d i.v. in 3 ED; **> 2kg:** 300mg/kg/d in 3–4 Einzeldos.; **1 M.–12J:** 100–200mg/kg/d in 2–4 Einzeldosen; **DANI** GFR 40–80: max. 4 x 4g; 20–40: 3 x 4g; < 20: 2 x 4g; HD: 3x2g

3.2 Betalactamaseinhibitoren

empf.: Erweiterung des Spektrums von Penicillinen um β-Lactamasebildende Stämme von Staphylokokken, M.catarrhalis, E.coli, H.influenzae, Klebsiellen, Proteus, Gonokokken, B.fragilis; nur zusammen mit Betalaktamantibiotika wirksam!

Clavulansäure nur in Kombination s.u. →74	HWZ 60–75min
Sulbactam Rp	HWZ 1–2h, Q0 0.13, PPB 38%
Combactam *Inf.Lsg. 0.5, 1g*	**Komb. m. Betalaktam-Antibiotika:** 3–4 x 0.5–1g i.v.; **Sgl., Ki.:** 50mg/kg/d in 3-4 ED, max. 80mg/kg/d; **DANI** GFR 15–30: max. 2g/d; <15: max. 1g/d; HD: 1g alle 48h
Tazobactam nur in Kombination s.u. →74	

3.2.1 Breitbandpenicilline + Betalactamaseinhibitoren

Ampicillin + Sulbactam Rp	PRC B, Lact +
Ampicillin/Sul Kabi *Inf.Lsg. 1+0.5g, 2+1g* **Ampicillin + Sulbactam Deltaselect** *Inf.Lsg 1+0.5g; 2+1g* **Ampicillin HEXAL comp.** *Inf.Lsg 1+0.5g; 2+1g* **Ampicillin-ratioph. comp.** *Inf.Lsg 0.5+0.25g; 1+0.5g; 2+1g* **Unacid** *Inf.Lsg 0,5+0,25g, 1+0,5g; Inf.Lsg. 2+1g*	**Atemwegs-, Harnwegs-, Haut-, Weichteil-, abd. Inf.:** 3–4 x 1.5–3g i.v.; **Ki. <1. W.:** 75mg/kg/d i.v. in 2 ED; **> 1. W.:** 150mg/kg/d in 3–4 ED; **DANI** > 30: 100%; 15–30: Dos.Intervall 12h; 5-14: 24h; < 5: 48h

Amoxicillin + Clavulansäure Rp	PRC B, Lact +
Amoclav plus *Tbl. 500+125mg, 875+125mg; Trockensaft (5ml = 125+31.25, 250+62.5, 400+57mg); Inf.Lsg. 500+100, 1000+200, 2000+200mg* **Amoxidura plus** *Tbl. 500+125mg, 875+125mg; Trockensaft (10ml = 250+62.5, 500 +125mg)* **Augmentan** *Tbl. 500+125, 875+125mg; Trockensaft (10ml = 250+62.5, 500+125mg, 800+114mg); Gtt. (10ml = 500+125mg); Inf.Lsg. 250+25, 500+100, 1000+200, 2000+200mg*	**Atemwegs-, Harnwegs-, Haut-, Weichteil-, abd. Inf.:** 3 x 500 + 125mg p.o.; 2 x 875 + 125mg p.o.; 3 x 1000-2000 + 200mg i.v.; **Ki. < 2J.:** max. 40 + 10mg/kg/d p.o. in 3 ED; **2-12J.:** max. 60 + 15mg/kg/d p.o. in 3 ED; **DANI** GFR 10-30: 2 x 500 + 125mg p.o.; ini 1000 + 200mg, dann 2 x 500 + 100mg i.v.; < 10: 1 x 500 + 125mg p.o.; ini 1000 + 200mg, dann 1 x 500 + 100mg

Sultamicillin (Amoxicillin + Sulbactam) Rp	
Unacid PD *Tbl. 375mg; Trockensaft (1 Messl. = 375mg)*	**Atemwegs-, Harnwegs-, Haut-, Weichteil-infektion:** 2 x 375-750mg p.o.; **Ki.:** 50mg/kg/d p.o. in 2 ED; **DANI** GFR 5-14: 1 x 375-750mg;< 5: 375-750mg alle 2d

Piperacillin + Tazobactam Rp	PRC B, Lact +
Tazobac *Inf.Lsg. 4+0.5g*	**Abd. Inf., Atemwegs-, Haut-, Weichteilinfektion:** 3 x 4 + 0.5g i.v.; **Ki. 2-12J:** 3 x 100 + 12.5mg/kg i.v.; **DANI** GFR: > 20: 100%; 2-19, HD: 2 x 4 + 0.5g

3.3 Cephalosporine

3.3.1 Parenterale Cephalosporine Gruppe 1 (Cefazolin-Gruppe)

empf.: Staphylo-, Strepto-, Meningo-, u. Pneumokokken; E. coli, Klebsiella, Prot. mirabilis, H. influenzae **resist.:** Enterokokken, Pseudomonas, Acinetobact., Listerien, Chlamydien, Mykoplasmen, gramneg. Beta-Lactamasebildner; **UW:** allerg. Hautreaktionen, Lyell-Syndrom, Anaphylaxie, Nausea, Erbrechen, Diarrhoe, Transaminasen ↑, Cholestase, interstit. Pneumonie, BB-Veränd., hämolyt. Anämie, Kreatinin ↑, interstitielle Nephritis, Superinfektion durch Bakterien od. Sprosspilze; **KI:** Überempf.; Cave in SS/SZ; **Ink:** Alkohol

Cefazolin Rp	HWZ 2h, Q0 0.06, PPB 65-92%, PRC B, Lact +
Basocef *Inf.Lsg. 1, 2g* **Cefazolin HEXAL** *Inf.Lsg. 2g* **Cefazolin Hikma** *Inf.Lsg. 1, 2g* **Cefazolin Saar** *Inf.Lsg. 2g* **Cephazolin Fresenius** *Inf.Lsg. 1, 2g*	**Atem-, Harn-, Gallenwegs-, Haut-, Weichteil-, Knocheninf., Sepsis, Endokarditis: gram pos. Err.:** 1.5-2g/d; **gram neg. Err.:** 3-4g/d i.v. in 2-3 ED, max. 12g/d; **Ki. > 2M.:** 25-50mg/kg in 3-4 ED, max. 100mg/kg/d; **DANI** GFR > 35: 100%; 10-34: 50% alle 12h; < 10: 50% alle 18-24h

3.3.2 Parenterale Cephalosporine Gruppe 2 (Cefuroxim-Gruppe)

empf.: vergl. Cefazolin-Gruppe; deutlich besser bei E.coli, Klebsiella, Prot. mirabilis, H.influenzae, β-Lactamasebildnern; **resist.:** Enterokokken, Pseudom., Acinetobact., Listerien, Chlamydien, Mykoplasmen **UW/KI:** s. Cephalosporine Gruppe 1 →74

Cefotiam Rp	HWZ 0.7-1h, Q0 0.35, PPB 40%, PRC B
Spizef *Inf.Lsg. 0.5, 1, 2g*	**Atem-, Harnwegs-, HNO-, Haut-, Weichteil-, Knochen-, abd. Inf., Sepsis:** 2-3 x 1-2g i.v., max. 6g/d ; **Ki. 3M.-12J.:** 50mg/kg/d i.v. in 2 ED., max. 100mg/kg/d; **DANI** GFR 45: 3 x 1g; 18: 3 x 0.75g; 8: 3 x 0.5g; 2: 1 x 1g; 0.5: 1 x 0.75g

Cefuroxim Rp	HWZ 80min, Q0 0.1, PPB 30%, PRC B, Lact +
Cefuroxim Fresenius *Inf.Lsg. 0.25, 0.75, 1.5g* **Cefuroxim HEXAL** *Inf.Lsg. 0.75, 1.5g* **Cefuroxim-ratioph.** *Tbl. 250, 500mg, Trockensaft (5ml = 125mg); Inf.Lsg. 0.25, 0.75, 1.5g* **Zinacef** *Inf.Lsg. 0.25, 0.75, 1.5g*	**Atem-, Harnwegs-, Haut-, HNO, Knochen, abd. Inf., Sepsis:** 2 x 50-500mg p.o.; unkompl.: 1.5 -2.25g/d; schwer: 3-4.5g/d i.v. in 2-3 Einzeldos, max. 6g/d; **Gonorrhoe:** 1 x 1g p.o.; 1 x 1.5g i.m. **Ki. 1M.-12J:** 30-100mg/kg/d in 3 Einzeldosen **DANI** GFR > 30: 100%; 10-30: ini 750-1500 mg, dann 2 x 500-750mg; < 5: 500-750mg alle 48h
Orales Cefuroxim s. Oralcephalosporine Gruppe 2 →77	

3.3.3 Parenterale Cephalosporine Gruppe 3a (Cefotaxim-Gruppe)

empf.: Staphylokokken, H. influenzae, Proteus mirabilis, Streptokokken, E. coli, Klebsiella pneumoniae, Gonokokken, Meningokokken, Salmonellen, Shigellen, Anaerobier, Morganella, Serratia; gegenüber der Cefuroximgruppe bessere Aktivität im gramneg. Bereich
resist.: MRSA, Enterokokken, Listerien, Pseudomonas, Clostridien, Legionellen, Mykoplasmen, Chlamydien, Treponema, Bacteroides fragilis
UW/KI: s. Cephalosporine Gruppe 1 →74

Cefotaxim Rp	HWZ 1h, Q0 0.35, PPB 25-40%, PRC B, Lact +
Cefotaxim Fresenius *Inf.Lsg. 0.5, 1, 2g* **Cefotaxim HEXAL** *Inf.Lsg. 0.5, 1, 2g* **Cefotaxim-ratioph.** *Inf.Lsg. 0.5, 1, 2g* **Claforan** *Inf.Lsg. 0.5, 1, 2g*	**Atemwegs-, Harnwegs-, Haut-, Weichteil-, Knochen-, abd. Inf., Sepsis, Endokarditis, Meningitis:** 2 x 1-2g i.v.; schwere Inf.: 3-4 x 2-3g; **Gonorrhoe:** 1 x 0.5g i.v.; **Borreliose:** 6g/d i.v. in 2-3 ED; **Ki. bis 12J.:** 50-100mg/kg/d i.v. in 2 Einzeldosen; **DANI** GFR<10: 50%;< 5: 1g in 2 ED
Ceftriaxon Rp	HWZ 8h, Q0 0.5, PPB 85-95%, PRC B, Lact +
Cefotrix *Inf.Lsg. 0.5, 1, 2g* **Ceftriaxon Curamed** *Inf.Lsg. 0.5, 1g* **Ceftriaxon HEXAL** *Inf.Lsg. 0.5, 1, 2g* **Ceftriaxon-ratioph.** *Inf.Lsg. 0.5, 1, 2g* **Rocephin** *Inf.Lsg. 0.5, 1, 2g*	**Atemwegs-, Haut-, Weichteil-, Knochen-, abd. Inf., Meningitis, Borreliose II-III:** 1 x 1-2g i.v.; schwere Inf.: 1 x 4g; **Gonorrhoe:** 1 x 250mg i.m.; < 2 W.: 1 x 20-50mg/kg; **Ki bis 12J:** 1 x 20-80mg/kg, Menigitis 100mg/kg i.v.; **DANI** GFR: < 10: max. 2g/d

3.3.4 Parenterale Cephalosporine Gruppe 3b (Ceftazidim-Gruppe)

empf. u. resist.: weitgehend identisch mit Cefotaxim-Gruppe, jedoch erheblich stärkere Pseudomonas-Aktivität; **UW/KI:** s. Cephalosporine Gruppe 1 →74

Cefepim Rp	HWZ 2h, Q0 0.07, PPB <19%, PRC B, Lact ?
Maxipime *Inf.Lsg. 0.5, 1, 2g*	**Sepsis, schwere Pneumonie, Harnwegs-, Gallenwegsinf.:** 2 x 2g i.v.; **Ki. 2 M. bis 40kg:** 2-3 x 50mg/kg/d; **1-2 M.:** 2-3 x 30mg/kg/d; **DANI** GFR 11-30: 1 x 1-2g;<10: 1 x 0.5-1g
Ceftazidim Rp	HWZ 1.7h, Q0 0.05, PPB 10%, PRC B, Lact +
Ceftazidim HEXAL *Inf.Lsg. 0.5, 1, 2g* **Ceftazidim Pharmore** *Inf.Lsg. 0.5, 1, 2g* **Ceftazidim-ratioph.** *Inf.Lsg. 0.5, 1, 2g* **Ceftazidim Sandoz** *Inf.Lsg. 0.5, 1, 2g* **Fortum** *Inf.Lsg. 0.5, 1, 2g* **Infectozidim** *Inf.Lsg. 0.5, 1, 2g*	**Atemwegs-, Harnwegs-, Haut-, Weichteil-, Knochen-, abd. Inf., Sepsis, Meningitis:** 2-3 x 1-2g i.v.; **Ki. 0-8W.:** 2 x 12.5-30mg/kg i.v.; **2M.-1J.:** 2 x 25-50mg/kg; **1-14J.:** 2 x 15-50mg/kg od. 3 x 10-33mg/kg; max. 3 x 50mg/kg bzw. 6g/d; **DANI** GFR 31-50: 2 x 1g; 16-30: 1 x 1g; 6-15: 1 x 0.5g; < 5: 0.5g alle 48h

3.3.5 Parenterale Cephalosporine Gruppe 4

kein Präparat im Handel

3.3.6 Parenterale Cephalosporine Gruppe 5 (Cefoxitin-Gruppe)

empf. u. resist.: weitgehend identisch mit Cefuroxim-Gruppe, gute Wirksamkeit gegen β-Lactamase-bildende Anaerobier (z.B. Bacteroides); **UW/KI:** s. Cephalosporine Gruppe 1 →74

Cefoxitin Rp — HWZ 1(3)h, Qo 0.3 (0.1), PPB 73%, PRC B, Lact +

Mefoxitin *Inf.Lsg. 1, 2g*	**Atemwegs-, Harnwegs-, Haut-, Weichteil-, Knochen-, abd. Inf., Sepsis, Endokarditis:** 3 x 1-2g i.v.; **Gonorrhoe:** 1 x 2g i.m. + 1g Probenecid p.o.; **Ki.:** 20-40mg/kg alle 6-8h i.v.; **DANI** GFR 30-50: 2-3 x 1-2g; 10-29: 1-2 x 1-2g; 9-5: 1-2 x 0.5-1g; < 5: 0.5-1g alle 24-48h

3.3.7 Oralcephalosporine Gruppe 1

empf.: ähnliches Spektrum wie Cefazolin-Gruppe; gute Aktivität gegen grampos., geringe gegen gramneg. Keime
resist.: Pseudomonas, Enterokokken, Prot. vulgaris, Morganella, Citrobacter, Serratia, Enterobacter, Acinetobacter, B.fragilis, Listerien, Mykoplasmen, Chlamydien
UW/KI: s. Cephalosporine Gruppe 1 →74

Cefaclor Rp — HWZ 30-60min, Qo 0.25, PPB 25%, PRC B, Lact +

CEC *Tbl. 250, 500mg; Brausetbl. 250, 500, 1000mg; Trockensaft (5ml = 125, 250mg)* **Cefaclor-ratioph.** *Kps. 500mg; Brausetbl. 500mg; Trockensaft/Saft (5ml = 125, 250mg)* **Infectocef** *Kps. 500mg; Trockensaft (5ml = 125, 250, 500mg)* **Panoral** *Kps. 500mg; Saft/ Trockensaft (5ml = 125, 250mg)*	**Atemwegs-, HNO-, Harnwegs-, Haut-, Weichteilinf.:** 3 x 500mg p.o., max. 4g/d; **unkompl. Infekt.:** 3 x 250mg; **Ki.** < **6J.:** 3 x 10mg/kg p.o., max. 1g/d; **6-10J.:** 3 x 250mg p.o.; > **10J.:** s. Erw.; **DANI** nicht erforderl.

Cefadroxil Rp — HWZ 1.2-1.7h, Qo 0.1, PPB 20%, PRC B, Lact +

Cefadroxil Beta *Tbl. 1g* **Cefadroxil HEXAL** *Tbl. 500, 1000mg; Trockensaft (5ml = 250, 500mg)* **Grüncef** *Tbl. 1g; Trockensaft (5ml = 250, 500mg)*	**Atemwegs-,HNO-, Harnwegs-, Haut-, Weichteil-, Knochen-, gyn. Inf.:** 2 x 1g p.o., max. 4g/d; **Ki. bis 40kg:** 25-100mg/kg/d p.o. in 2-4 ED; **DANI** GFR 25-50: ini 1g, dann 2 x 500mg; 10-24: ini 1g, dann 1 x 500mg; < 10: ini 1g, dann 500mg alle 36h

Cefalexin Rp — HWZ 1h, Qo 0.04, PPB 6-15%, PRC B, Lact +

Cephalex ct *Tbl. 500, 1000mg* **Cephalexin-ratioph.** *Tbl. 500, 1000mg; Trockensaft (5ml = 250mg)*	**Atemwegs-, HNO-, Harnwegs-, Haut-, Weichteil-, Knocheninf.:** 3-4 x 0.5-1g p.o., **unkompl. Inf.** 2 x 500mg; **Ki. bis12J.:** 25-100mg/kg/d in 2-4 ED **DANI** GFR 15-30: Dos.Intervall 8-12h; 5-14:24h; < 5: 48h; GFR 20-50: 3g/d; 5-19: 1.5g/d; 5: 0.5g/d

3.3.8 Oralcephalosporine Gruppe 2

empf. u. resist.: weitgehend identisch mit Cefuroxim-Gruppe →74
UW/KI: s. Cephalosporine Gruppe 1 →74)

Cefuroxim-Axetil Rp	HWZ 1.1–1.3h, Q0 0.1, PPB 20–50%, PRC B, Lact +
Cefudura *Tbl. 250, 500mg* **CefuHEXAL** *Tbl. 250, 500mg; Trockensaft (5ml = 25mg)* **Cefuroxim-ratioph.** *Tbl. 250, 500mg; Trockensaft (5ml = 125mg)* **Elobact** *Tbl. 125, 250, 500mg; Gran. 125, 250mg; Trockensaft (5ml = 125mg)* **Zinnat** *Tbl. 125, 250, 500mg; Trockensaft (5ml = 125mg)*	**Atemwegs-, HNO-, Haut-, Weichteilinfektion:** 2 x 250–500mg p.o.; **Harnwegsinfektion:** 2 x 125–250mg; **Gonorrhoe:** 1 x 1g p.o.; **Borreliose/Erythema migrans:** 2 x 500mg p.o. f. 20d **Ki. 3M.–5J.:** 2 x 10mg/kg p.o.; **>5J.:** 2 x 125–250mg; **DANI** max. 1g/d

Loracarbef Rp	HWZ 1h, Q0 0.05, PPB 25%, PRC B, Lact ?
Lorafem *Kps. 200, 400mg; Trockensaft (5ml = 100, 200mg)*	**Atemwegs-, HNO-, Haut-, Weichteilinfektion:** 2 x 200–400mg p.o.; **Ki. 6M.–12J.:** 15–30mg/kg/d p.o. in 2 Einzeldosen; **DANI** GFR > 50: 100%; 10–49: Dos.Intervall 24h; < 10, HD: alle 3–5d

3.3.9 Oralcephalosporine Gruppe 3

empf. u. resist.: höhere Aktivität und breiteres Spektrum als Gruppe 2 gg. gramnegative Keime; etwas geringere Aktivität gg. grampositive Keime
UW/KI: s. Cephalosporine Gruppe 1 →74

Cefixim Rp	HWZ 3–4h, Q0 0.5, PPB 65%, PRC B, Lact ?
Cefixdura *Tbl. 200, 400mg; Trockensaft (5ml = 100mg)* **Cefixim-ratioph.** *Tbl. 200, 400mg; Trinktbl. 400mg; Trockensaft (5ml = 100mg)* **Cephoral** *Tbl. 200, 400mg; Trockensaft (5ml = 100mg)* **Infectoopticef** *Trockensaft (5ml = 100mg)* **Suprax** *Tbl. 200, 400mg; Trockensaft (5ml = 100mg)*	**Atemwegs-, HNO-, Harnwegs-, Gallenwegsinfektion:** 2 x 200mg p.o.; 1 x 400mg p.o.; **Ki. bis 12J.:** 8mg/kg/d p.o.; **DANI** GFR < 20: 50%

Cefpodoxim-Proxetil Rp	HWZ 2.4h, Q0 0.2, PPB 40%
Cefpo Basics *Tbl. 100, 200mg* **Cefpodoxim-ratioph.** *Tbl. 100, 200mg* **Orelox** *Tbl. 100, 200mg; Trockensaft (5ml = 40mg)* **Podomexef** *Tbl. 100, 200mg; Trockensaft (5ml = 40mg)*	**Atemwegs-, HNO-, Harnwegs-, Haut-, Weichteilinfektion:** 2 x 200mg p.o.; **Gonorrhoe:** 1 x 200mg p.o.; **Ki.:** 5–12mg/kg/d in 2 Einzeldosen; **DANI** GFR < 40: 100%; 10–40: Dosisintervall 24h; < 10: 48h; HD: 40–200mg n. Dialyse

Ceftibuten Rp	HWZ 1.53–2.5h, Q0 0.14, PPB 63%, PRC B, Lact ?
Keimax *Kps. 200, 400mg; Trockensaft (5ml = 90, 180mg)*	**Atemwegs-, HNO-, Harnwegsinfektion:** 1 x 400mg p.o.; **Ki. 3 M.–12J.:** 1 x 9mg/kg p.o.; **DANI** GFR > 50: 100%; 30–49: ini 400mg, dann 1 x 200mg; 5–29: ini 200mg, dann 1 x 100mg; HD: 400mg nach jeder Dialyse

3.4 Cycline

3.4.1 Tetracycline

empf.: zahlreiche grampos. u. gramneg. Bakterien, u.a. Chlamydien, Mykoplasmen, Rickettsien, Yersinien, Brucellen, Borrelien, Leptospiren, Treponemen, Aktinomyceten, Plasmodium
resist.: P. aeruginosa, Providencia, Serratia, Proteus, Morganella
UW: allerg. Hautreaktionen, phototox. Reaktionen, rev. Knochenwachstumsverzögerung (Kinder < 8J.), irreversible Zahnverfärbung und Zahnschmelzschädigung (Kinder < 8J.), intrakranielle Druck ↑, BB-Veränderungen, Superinfektion durch Bakterien bzw. Sprosspilze
KI: bek. Überempf., schwere Leberfunktionsstrg., Niereninsuff., Ki. < 8J., SS/SZ
Ink (Tetracycline): Penicilline
Ink (Doxycyclin): Barbiturate, Carbamazepin, Phenytoin, Rifampicin

Doxycyclin Rp	HWZ 12-24h, Q0 0.7, PPB 80-90%, PRC D, Lact ?
Antodox *Kps. 100, 200mg* **Doxycyclin-ratioph.** *Kps. 100mg; Amp. 100mg/5ml* **DoxyHEXAL** *Tbl. 100, 200mg; Amp. 100mg/5ml*	**HNO-, Atemwegs-, Harnwegsinfektion, diverse Infektionen mit o.g. Erregern:** d 1: 1 x 200mg p.o./i.v.; dann: 1 x 100mg p.o./i.v.; **Borreliose:** 1 x 200mg f. 14-21d; **Syphilis b. Penicillinallergie:** 1 x 300mg f. 15d; **Acne vulgaris, Rosacea:** ini 100mg/d f. 7-21d, dann 50mg/d; **DANI** nicht erforderl.; **DALI** KI bei schwerer Leberfunktionsstrg.

Minocyclin Rp	HWZ 11-22h, Q0 0.85, PPB 70-75%, PRC D, Lact +
Minakne *Tbl. 50mg* **Minoclir** *Kps. 50mg* **Minocyclin-ratioph.** *Kps. 50, 100mg* **Minoplus** *Tbl. 50mg* **Skid** *Tbl. 50, 100mg* **Udima** *Kps. 50, 100mg*	**HNO-, Atemwegs-, Harnwegsinfektion, div. Infektionen mit o.g. Err.:** ini 200mg, dann 2 x 100mg p.o.; **Akne vulgaris:** 100mg/d in 2 ED; **Ki. > 8J.:** ini 4mg/kg, dann 2 x 2mg/kg; **DANI** nicht erforderl.; **DALI** KI bei schwerer Leberfunktionsstrg.

Tetracyclin Rp	HWZ 8-10h, Q0 0.12, PPB 36-64%, PRC D, Lact +
Tefilin *Kps. 250mg* **Tetracyclin Heyl** *Tbl. 500mg* **Tetracyclin Wolff** *Kps. 250, 500mg*	**HNO-, Atemwegs-, Urogenitaltrakt-, abdominelle Infektionen, div. Infektionen mit o.g. Err:** 4 x 250-500mg p.o., max. 2g/d; **Ki. > 8J.:** 25-35mg/kg/d p.o. in 2-4 Einzeldosen;

3.4.2 Glycylcycline

empf.: bakteriostatisch gegen zahlreiche grampositive u. gramnegative Bakterien u.a. auch ESBL, MRSA, vancomycinresistenten E. faecalis u. E. faecium (VRE), schwach wirksam gegen Proteusbakterien;
resist.: P. aeruginosa
UW: Übelkeit, Erbrechen, Diarrhoe, Abszeß, Infektionen, verlängerte aPTT u. Prothrombinzeit, Schwindel, Phlebitis, Bauchschmerzen, Dyspepsie, Anorexie, Transaminasen ↑, Bilirubinämie, Pruritus, Exanthem, Kopfschmerzen, Amylase- u. Harnstoff ↑ ; **KI:** bek. Überempf., SS

Tigecyclin Rp	HWZ 42h, PPB 71-89%, PRC D, Lact ?
Tygacil *Inf.Lsg. 50mg*	**Kompliz. Haut-, Weichteil- u. abdominelle Inf., Sepsis:** ini 100mg i.v., dann 2 x 50mg i.v. f. 5-14d; **DALI** Child-Pugh C: ini 100mg, dann 2 x 25mg; **DANI** nicht erforderl.

3.5 Makrolide, Ketolide

empf.: Streptok., Pneumok., Chlamydien, Legionellen, Mycoplasma pneumoniae, Listerien, Aktinomyceten, Campylobacter, Helicobacter, M. avium intracell. (MAC); **resist.:** Brucellen, Enterobakterien, Nocardia, Mycoplasma hominis, B.fragilis, Fusobakterien, Pseudomonas; **UW:** allerg. Hautreaktionen, Nausea, Erbrechen, Cholestase; **KI:** SZ; **Ink:** Carbamazepin, CSE-Hemmer, Ergotamine, Terfenadin, Theophyllin; **Ink** (Erythromycin): Alfentanil, Grapefruitsaft, Methadon, Moxofloxacin; **Ink** (Clarithromycin): Rifabutin

Azithromycin Rp	HWZ 40h, Q0 0.8, PPB 12-52%, PRC B, Lact ?
Azibact *Tbl. 250, 500mg* **Azithrobeta** *Tbl. 250, 500mg* **Azithromycin HEXAL** *Tbl. 250, 500mg; Trockensaft (5ml = 200mg)* **Ultreon** *Tbl. 600mg* **Zithromax** *Tbl. 250, 500mg; Trockensaft (5ml = 200mg)*	**HNO-, Atemwegs, Haut-, Weichteilinfektion, atyp. Pneumonie:** 1 x 500mg f. 3d p.o. oder 500mg an d1, dann 250mg d2-4; **Ki.:** 1 x 10mg/kg f. 3d oder 10mg/kg an d1, dann 5mg/kg d2-4; **Urethritis, Adnexitis, Genitalinfektion mit Chlam. trach.:** 1 x 1g p.o.; **MAC-Pro.:** 1x/W. 1200mg p.o.; **DANI** GFR > 40: 100%
Clarithromycin Rp	HWZ 3-7h, Q0 0.6, PPB 72%, PRC C, Lact ?
Biaxin HP *Tbl. 500mg* **Clarilind** *Tbl. 250, 500mg* **Clarithromycin 1A** *Tbl. 250, 500mg; Trockensaft (5ml = 125, 250mg)* **Clarithromycin-ratioph.** *Tbl. 250, 500mg; Trockensaft (5ml = 125, 250mg)* **Clarosip** *Gran. (1 Btl.=125, 187.5, 250mg)* **Cyllind** *Tbl. 250mg* **Klacid** *Tbl. 250, 500, 500 (ret.)mg; Trockensaft (5ml = 125, 250mg); Inf.Lsg. 500mg* **Mavid** *Tbl. 500mg*	**HNO-, Atemwegs-, Hautinfektion, atyp. Pneumonie:** 2 x 250-500mg p.o.; 2 x 500mg i.v.; **Ki. 6M.-12J.:** 15mg/kg/d p.o. in 2 Einzeldosen; **H.P-Eradikation:** 2 x 500mg p.o. + 2 x 1g Amoxycillin + 2 x 20mg Omeprazol; **DANI** GFR < 30: (p.o.): 50%; (i.v.) d1: 100%, ab d2: 50%(i.v.)
Erythromycin Rp	HWZ 2-3h, Q0 >0.8, PPB 60-70%, PRC B, Lact +
EryHEXAL *Tbl. 500mg; Gran. 1000mg; Trockensaft (5ml = 200, 400mg)* **Erythrocin** *Tbl. 500mg; Inf.Lsg. 500, 1000mg* **Erythromycin-ratioph.** *Tbl. 500mg; Gran. 500, 1000mg* **Infectomycin** *Trockensaft (5ml = 100, 200, 400, 600mg)* **Paediathrocin** *Gtt.(2.5ml = 100mg); Trockensaft (5ml = 200, 400mg)*	**HNO-, Haut-, Atemwegsinfektion, atypische Pneumonie:** 3-4 x 500mg p.o., 4 x 0.5-1g i.v., max. 4g/d; **Ki.** < **8J.:** 30-50mg/kg/d p.o. in 3-4 ED; **8-14J.:** 1-2g/d p.o. in 3-4 Einzeldosen; **Gonorrhoe:** 3 x 1g p.o. f. 7d; **Lues Primärstadium:** 3 x 1g p.o. f. 15d; **Urethritis (verursacht d. Chlam. trach., Ureaplasma uralyt.):** 3 x 1g p.o. f. 7d; **DANI** Krea (mg/dl) > 2: max. 2g/d
Roxithromycin Rp	HWZ 12h, Q0 0.7, PPB 95%
Infectoroxit *Tbl. 50, 150mg* **Roxibeta** *Tbl. 50, 150, 300mg* **Roxigrün** *Tbl. 150, 300mg* **RoxiHEXAL** *Tbl. 50, 150, 300mg* **Rulid** *Tbl.150, 300mg*	**HNO-, Atemwegs-, Haut-, Urogenitaltrakt-infektion:** 2 x 150mg, 1 x 300mg p.o.; **Ki. bis 40kg:** 5-7.5mg/kg/d p.o. in 2 Einzeldosen; > **40kg:** s. Erw.; **DANI** nicht erforderl.; **DALI** 50%
Telithromycin Rp	HWZ 10h, PPB 60-70%
Ketek *Tbl. 400mg*	**HNO-, Atemwegsinfektion:** 1 x 800mg p.o.; **DANI** GFR < 30: 50%; **DALI** nicht erforderl.

3.6 Lincosamide

empf.: Pneumokokken, Staphylokokken, Streptokokken, C. diphteriae, Anaerobier, B. fragilis, Cl. perfringens **resist.:** Enterobakterien, P.aeruginosa, Enterokokken, Gonokokken, Meningokokken, H. influenzae, Mycoplasmen, Listerien; **UW:** Übelkeit, Erbrechen, Diarrhoe, pseudomembranöse Kolitis, allergische Hautreaktionen, Erythema exsudativum, Thrombophlebitis (i.v.-Anw.); **KI:** SS/SZ; Anw.Beschr. bei Myasthenia gravis; **Ink** (Clindamycin): Aminoglykoside

Clindamycin Rp — HWZ 1.5-5h, Q0 >0.8, PPB 90%, PRC B, Lact ?

Clindabeta *Kps. 300mg* **ClindaHEXAL** *Kps. 150, 300mg; Tbl. 450, 600mg;* **Clindamycin-ratioph.** *Kps. 150, 300mg; Tbl. 600mg; Amp. 300mg/2ml, 600mg/4ml, 900mg/6ml* **Clin Sanorania** *Kps. 150, 300mg* **Dentomycin** *Kps. 150, 300mg* **Jutaclin** *Kps. 300mg* **Sobelin** *Kps. 75, 150, 300mg; Trockensaft (5ml = 75mg); Amp. 300/2ml, 600mg/4ml, 900mg/6ml* **Turimycin** *Kps. 300mg*	**HNO-, Zahn-, Kiefer-, Atemwegs-, abd., Haut-, Knochen-, Weichteilinfektion:** 4 x 150-450mg p.o.; 2-4 x 200-600mg i.v./i.m., max. 4.8g/d i.v.; **Ki. 4W.-14J.:** 8-25mg/kg/d p.o. in 3-4 Einzeldos.; 20-40mg/kg/d i.v./i.m. in 3-4 Einzeldosen; **DANI** nicht erforderl.

3.7 Aminoglykoside

empf.: Enterobakterien, Pseudomonas, Staphylokokken, Serratia, Yersinien, Pasteurellen, Brucellen; **resist.:** Streptokokken, Pneumokokken, Enterokokken, Anaerobier;
UW: Schädigung des N. vestibulocochlearis, neuromuskuläre Blockade, Parästhesien, Nierenschäden, Blutbildveränderungen, allerg. Reaktionen; **KI:** Vorschädigung d. N. vestibulocochlearis, terminale Niereninsuff., Gravidität, Stillzeit

Amikacin Rp — HWZ 2,3h, Q0 0.02, PPB 10%, th. Serumspiegel (mg/l): min: < 10, max: 25

Amikacin Fresenius *Inf.Lsg. 250, 500mg* **Biklin** *Inf.Lsg. 100, 250, 500mg*	**Atemwegs-, abd., Urogenital-, Sepsis, Endokarditis, Meningitis, Verbrennungen:** 10-15mg/kg i.v./i.m.; **Ki. < 6J:** ini 10mg/kg, dann 2 x 7.5mg/kg i.v./i.m.; > **6J:** s. Erw.; **DANI** GFR<70 ini 7.5mg/kg, dann Krea (mg/dl) x 9 = Dosisintervall (h); Ktr. Serumspiegel!

Gentamicin Rp — HWZ 2h, Q0 0.02, PPB <10%, th. Serumspiegel (mg/l): min:< 2, max: 10-12

Genta ct *Amp. 40mg/1ml, 80mg/2ml* **Gentamicin HEXAL** *Amp. 40mg/1ml, 80mg/2ml, 160mg/2ml* **Gentamicin-ratioph.** *Amp. 40mg/1ml, 80mg/2ml, 160mg/2ml* **Refobacin** *Amp. 10mg/2ml, 40mg/1ml, 80mg/2ml, 120mg/2ml*	**Abd., Urogenital-, Knocheninfektion, nosok. Pneumonie, Sepsis, Endokarditis, Meningitis, Peritonitis:** ini 1.5-2mg/kg, Erh.Dos. 1 x 3-6mg/kg i.m./i.v. (als Kurzinfusion über 60min.) **Ki. bis 3W.:** 4-7mg/kg/d i.v./i.m. in 1-2 Einzeldosen; > **4W.:** 3 x 1.5-2.5mg/kg; **DANI** s. Fachinfo

Netilmicin Rp — HWZ 2,6h, Q0 0.01, PPB <10%, th.Serumspiegel (mg/l) min: 2, max: 12

Certomycin *Amp. 15mg/1.5ml, 50mg/1ml, 100mg/1ml, 150mg/1.5ml, 200mg/2ml*	**Atemwegs-, Urogen.-, Knochen-, Weichteil-, abdominelle Infektionen, Sepsis:** 1 x 4-6mg/kg, max. 7.5mg/kg/d i.v./i.m.; **Ki. < 1W.:** 2 x 3mg/kg i.v./i.m.; > 1W.: 3 x 2-3mg/kg; **DANI** GFR > 70: 100%; 40-54: 50%; 20-29: 25%; 10-12: 10%; HD: n. Dialyse 2mg/kg i.v.

Tobramycin Rp	HWZ 2h, Q0 0.02, keine PPB, th. Serumspiegel (mg/l): min < 2, max: 12
Bramitob *Inh.Amp. 300mg/4ml* **Gernebcin** *Inj.Lsg. 20mg/2ml, 40mg/1ml, 80mg/2ml* **Tobi** *Inhal.Amp. 300mg/5ml* **Tobra-cell** *Inj.Lsg. 20mg/2ml, 40mg/1ml, 80mg/2ml* **Tobramycin Mp** *Inj.Lsg. 40mg/1ml, 80mg/2ml*	**Atemwegs-, Harnwegs-, abd., Knochen-, Haut-, Weichteilinfektion, Sepsis, Endokarditis, gram neg. Meningitis:** ini 1.5-2mg/kg/d über 30-60min. i.v., dann 3 x 1-2mg/kg i.v./ i.m.; **Sgl.:** 3 x 1.5-2.5mg/kg i.v./i.m.; **Ki.:** 3x2-2.5mg/kg i.v./i.m.; **chron. Lungeninfektion mit P. aeruginosa bei Mukoviszidose Ki. >6J.:** 2 x 300mg inhalieren f. 28d, dann 28d Pause; **DANI** s. Fachinfo

3.7.1 Nicht-resorbierbares Aminoglykosid

Paromomycin Rp	HWZ 2.6h
Humatin *Kps. 250mg; Pulver (1Fl. = 1g)*	**Präcoma/Coma hepaticum:** 35-75mg/kg/d p.o.; **Prophylaxe portosystem. Enzephalopathie:** 1-2g/d; **Darmdekontamination prä-OP:** 4g/d p.o. f. 2d; **nichtinvasive Amöbenenteritis:** 15-100mg/kg/d p.o. f. 5d

3.8 Chinolone (Gyrasehemmer)

3.8.1 Nicht-fluorierte Chinolone

empf.: praktisch nur Enterobakterien
UW: allerg. Hautreaktionen, Photosensibilisierung, Muskelschwäche, Muskelschmerzen, Tachykardie, RR↓, ZNS-Strg., Cholestase, Hepatitis
KI: Kinder in der Wachstumsphase, SS/SZ
Ink (Chinolone): Eisensalze

Pipemidsäure Rp	HWZ 3-4h, Q0 0.1
Deblaston *Kps. 200mg*	**Harnwegsinfektion:** 2 x 400mg p.o.; **DANI** GFR<10: KI

3.8.2 Fluorierte Chinolone - Gruppe I

empf.: Enterobakterien, Salmonellen, Shigellen, Gonokokken
resist.: Anaerobier, Chlamydien, Mykoplasmen, E. faecium, Ureaplasmen
UW: allerg. Hautreaktionen, Photosensibilisierung, Muskelschwäche, Muskelschmerzen, Tachykardie, RR↓, ZNS-Strg., Cholestase, Hepatitis
KI: Kinder in der Wachstumsphase, SS/SZ
Ink (Fluorochinolone): Antazida, Calziumsalze, Didanosin, Sucralfat, Theophyllin
Ink (Norfloxacin): Milch

Norfloxacin Rp	HWZ 2-4h, Q0 0.7, PPB <15%, PRC C, Lact ?
Bactracid *Tbl. 400mg* **Barazan** *Tbl. 400mg* **Firin** *Tbl. 400mg* **NorfloHEXAL** *Tbl. 400mg* **Norflosal** *Tbl. 400mg* **Norfloxacin-ratioph.**, *Tbl. 400mg* **Norfluxx** *Tbl. 400mg*	**Harnwegsinfektion, Prostatitis, bakt. Enteritis:** 2 x 400mg p.o.; **Pro. gramneg. Inf. bei Neutropenie:** 2-3 x 400mg; **DANI** GFR < 30: 1 x 400mg

3.8.3 Fluorierte Chinolone - Gruppe II

empf.: hohe Aktivität gg. Enterobakterien, H. influenzae, Legionella; unterschiedl. Aktivität gegen P. aeruginosa; schwache Aktivität gegen Staphylokokken, Pneumokokken, Enterokokken, Mycoplasmen, Chlamydien; **UW/KI** s. Nicht-fluorierte Gyrasehemmer →81
Ink →81; **Ink** (Ciprofloxacin): Milch, Sulfonylharnstoffe

Ciprofloxacin Rp	HWZ 3–6h, Q0 0.5, PPB 20–30%, PRC C, Lact –
Ciprobay *Tbl. 100, 250, 500, 750mg; Trockensaft (5ml = 250, 500mg); Inf.Lsg. 100mg/50ml, 200mg/100ml, 400mg/200ml* **Ciprobeta** *Tbl. 100, 250, 500, 750mg* **CiproHEXAL** *Tbl. 100, 250, 500, 750mg; Inf.Lsg. 100mg/50ml, 200mg/100ml, 400mg/200ml* **Ciprofloxacin-ratioph.** *Tbl. 100, 250, 500, 750mg* **Gyracip** *Tbl. 250, 500, 750mg* **Infectocipro 5%, 10%** *Trockensaft (5ml = 250, 500mg)* **Keciflox** *Tbl. 100, 250, 500, 750mg*	**HNO-, Atemwegs-, Urogenital-, abd., Haut-, Weichteil-, Knocheninfektion, Sepsis, Neutropenie:** 2 x 250–750mg p.o.; 2 x 200–400mg i.v.; **unkompl. Harnwegsinfektion:** 2 x 100mg p.o./i.v.; **DANI** GFR < 30: max. 500mg/d p.o., max. 400mg/d i.v.

Enoxacin Rp	HWZ 4.3–6.4h, Q0 0.2, PPB 30%, PRC C, Lact ?
Enoxor *Tbl. 200mg*	**HNO-, Atemwegs-, Hautinfektion:** 2 x 400mg p.o.; **unkompl. HWI:** 2 x 200mg f. 3d; **DANI** GFR < 30: max. 2 x 200mg

Ofloxacin Rp	HWZ 5–7.5h, Q0 0.1, PPB 25%, PRC C, Lact –
Gyroflox *Tbl. 200, 400mg* **OfloHEXAL** *Tbl. 100, 200, 400mg* **Oflox ct** *Tbl. 200, 400mg* **Ofloxacin-ratioph.** *Tbl. 100, 200, 400mg* **Tarivid** *Tbl. 100, 200, 400mg; Inf.Lsg. 200mg/100ml*	**HNO-, Atemwegs-, urogen., abd., Haut-, Weichteil-, Knocheninfektion, Enteritis, Neutropenie:** 2 x 200mg p.o./i.v.; **unkompl. Harnwegsinfektion:** 2 x 100mg p.o./i.v. f. 3d; **Gonorrhoe:** 1 x 400mg p.o.; **DANI** GFR 20–50: 100–200mg/d; < 20, HD: 100mg/d; **DALI** max. 400mg/d

3.8.4 Fluorierte Chinolone - Gruppe III

empf.: zusätzlich Aktivität gg. Staphylokokken, Pneumokokken, Streptokokken, Chlamydien, Mykoplasmen; **UW/KI/INK** s. Nicht-fluorierte Gyrasehemmer →81

Levofloxacin Rp	HWZ 7h, Q0 0.23, PPB 30–40%, PRC C, Lact –
Tavanic *Tbl. 250, 500mg; Inf.Lsg. 250mg/50ml 500mg/100ml*	**Atemwegs-, Haut-, Weichteil-, kompl. Harnwegsinfektion, Sinusitis:** 1–2 x 250–500mg p.o./i.v.; **DANI** GFR 20–50: max. 2 x 250mg; 10–19: max. 2 x 125mg; < 10, HD: max. 1 x 125mg

3.8.5 Fluorierte Chinolone - Gruppe IV

Gruppe IV: zusätzlich verbesserte Aktivität gg. Anaerobier; **UW/KI** s. Nicht-fluorierte Gyrasehemmer →81
Ink →S. 81; **Ink** (Moxifloxacin): Amiodaron, Chinin, Disopyramid, Erythromycin, Sotalol

Moxifloxacin Rp	HWZ 12h, Q0 0.8, PPB 41%, PRC C
Actimax *Tbl. 400mg* **Avalox** *Tbl. 400mg; Inf.Lsg. 400mg/250ml* **Avelox** *Tbl. 400mg*	**Atemwegsinfektionen, amb. erworb. Pneumonie, Sinusitis, kompl. Haut- u. Weichteilinfektionen:** 1 x 400mg p.o./i.v.; **DANI** nicht erforderl.; **DALI** Child-Pugh C: KI

3.9 Folsäureantagonisten

3.9.1 Sulfonamide

empf. (Sulfadiazin): Toxoplasmen in Komb. mit Pyrimethamin
empf. (Sulfalen): Plasmodium falciparum in Komb. mit Pyrimethamin
UW: Übelkeit, Erbrechen, allergische Reaktionen, Erythema exsudativum multiforme, Photosensibilisierung, Nierenschädigung, Blutbildveränderungen
KI: Sulfonamidüberempfindlichkeit, Erythema exsudativum i.d. Anamnese, schwere Leber- u. Nierenfunktionsstörungen, Gravidität (1. + 3. Trim.), strenge Ind.Stell. i.d. Stillzeit

Sulfadiazin Rp	HWZ 7-16h, Qo 0.45, PPB 55%, PRC C, Lact -
Sulfadiazin-Heyl *Tbl. 500mg*	**Toxoplasmose:** 2-4g/d p.o. in 3-6 Einzeldos. **Ki. > 2M.:** 65-150mg/kg/d, max. 1,5g/d in 3-6 ED; Komb. m. Pyrimethamin →87; **DANI** GFR < 25: KI; **DALI** KI bei schwerer Funktionsstörung

3.9.2 Trimethoprim u. Sulfonamid-Kombinationen

empf. (Cotrimoxazol): fast alle aeroben Bakterien; Pneumocystis jiroveci (carinii);
resist. (Cotrimoxazol): P.aeruginosa, Treponemen, Clostridien, Leptospiren, Rickettsien, Chlamydia psittaci, Mykoplasmen
UW (Cotrimoxazol): Exantheme, Photodermatosen, Lyell-Syndrom, BB-Veränderungen, hämolytische Anämie
KI (Cotrimoxazol): Sulfonamidüberempf., G-6-PDH-Mangel, schwere BB-Veränderungen, schwere Niereninsuff., SS/SZ; **Ink** (Cotrimoxazol): Didanosin

Trimethoprim Rp	HWZ 5-17h, Qo 0.5, PRC C, Lact +
Infectotrimet *Tbl. 50, 100, 150, 200mg;* *Saft (5ml = 50, 100mg)*	**Unkompl. Harnwegsinfektion:** 2 x 150-200mg p.o.; **Ki. < 12J:** 2 x 3mg/kg; **DANI** GFR: 15-25: 2 x 200mg f. 3d, dann 1 x 100mg; 10-15: 2 x 100mg; <10:KI **Pro. rez. Harnwegsinfektion:** 1 x 100mg; **Ki. < 12J:** 1 x 2mg/kg

Trimethoprim + Sulfamethoxazol Rp **(Cotrimoxazol)**	Qo (T/S) 0.5/0.8, PPB 65%/40%, PRC C, Lact ?
Berlocid *Tbl. 160+800mg* **CotrimHEXAL** *Tbl.160+800mg* **Cotrim-ratioph.** *Tbl. 80+400, 160+800mg;* *Saft (5ml = 40+200, 80+400mg);* *Amp. 80+400mg/5ml* **Drylin** *Tbl. 80+400, 160+800mg* **Eusaprim** *Tbl. 160+800mg;* *Saft (5ml = 40+200, 80+400mg)* **Kepinol** *Tbl. 20+100mg, 80+400, 160+ 800mg;* *Saft (5ml = 40+200, 80+400mg)* **Sigaprim** *Tbl. 160+800mg*	**Atemwegs-, HNO-, Harnwegs-, Genital-traktinfektion, bakt. Enteritis,, Shigellose, Nocardiose:** 2 x 160 + 800mg p.o.; i.v.; **Ki. 6W.-5M.:** 2 x 20 + 100mg; **6 M.-5 J.:** 2 x 40 + 200mg; **6-12J.:** 2 x 80 + 400mg; **DANI** GFR > 30: 100%; 15-30: 50%; < 15: KI; **DALI** KI bei schwerer Fkt.störung; **Pneumocystis-jiroveci-Pneumonie:** 20 + 100mg/kg/d i.v. in 4 Einzeldosen f. 21d;

3.10 Nitroimidazole

empf.: obligat anaerobe Bakterien (u.a. Bacteroides, Clostridium), Campylobacter, Helicobacter, Gardnerella vaginalis; Protozoen: Trichomonas vaginalis, Giardia lamblia, Entamoeba histolytica
resist.: alle aeroben und fakultativ anaeroben Bakterien, Aktinomyzeten, Propionibakterien
UW: GI-Strg., bitterer Geschmack, ZNS-Strg., allerg. Hautreaktionen, Alkoholunverträglichkeit
KI: SS (1. Trim.), SZ
Ink (Metronidazol): Alkohol, Disulfiram, Fluorouracil

Metronidazol Rp	HWZ 7 (10) h, Qo 0.85 (0.3), PPB <20%, PRC B, Lact ?
Arilin *Tbl. 250, 500mg; Vaginalsupp. 100, 1000mg* **Clont** *Tbl. 250, 400mg; Vaginaltbl. 100mg* **Infectoclont** *Inf.Lsg. 500mg* **Flagyl** *Tbl. 400mg* **Metronidazol Deltaselect** *Inf.Lsg. 500mg* **Metronidazol Fresenius** *Inf.Lsg. 500mg* **Metronidazol-ratioph.** *Tbl. 400mg* **Metronour** *Tbl. 400mg* **Vagimid** *Tbl. 250, 500mg; Vaginaltbl. 100mg*	**Abd., Genital-, Atemwegs-, Knochen, Zahn-Mund-Kieferinfektion, Sepsis, Endokarditis, Hirnabszess, Amöbiasis, Lambliasis:** 0.8–1g/d p.o., max. 2g/d in 2–3 Einzeldosen; 2–3 x 500mg i.v., Th-Dauer max. 10d; **Ki.:** 20–30mg/kg/d p.o./i.v.; **Trichomoniasis:** 1 x 100mg vaginal f. 6d, Mitbehandlung d. Partners: 1 x 2g p.o.; **DANI** GFR < 10: max. 1g/d

3.11 Carbapeneme

empf.: fast alle grampos. u. gramneg. Bakterien
resist.: Mykoplasmen, Chlamydien, Legionellen, Burkholderia cepacia, Xanthonomas maltophilia, E. faecium, MRSA
UW: Erbrechen, Diarrhoe, Transaminasen ↑, allerg. Reaktionen, BB-Veränderungen, ZNS-Strg.
KI: SS/SZ, Kinder < 3 M.; **Ink** (Imipenem/Cilastatin): Ganciclovir

Ertapenem Rp	HWZ 4h, PPB 92–95% , PRC B, Lact ?
Invanz *Inf.Lsg. 1g*	**Abdominelle, akute gynäkologische Infektion, ambulant erworbene Pneumonie:** 1 x 1g i.v.; **Ki. 3M.–12J.:** 2 x 15mg/kg/d i.v.; **DANI** GFR > 30: 100%; < 30, HD: KI; **DALI** nicht erforderl.
Imipenem + Cilastatin Rp	HWZ 0.9/1h, Qo 0.3/0.1, PPB 20/35%, PRC C, Lact ?
Zienam *Inf.Lsg. 500+ 500mg/100ml*	**Atemwegs-, Harnwegs-, abd., Genital-, Knochen-Haut-, Weichteilinf., Sepsis, Meningitis, neutropenisches Fieber:** 3–4 x 500 + 500–1000 + 1000mg i.v., max. 50 + 50mg/kg/d bzw.max. 4 + 4g/d; **Ki. < 3M.:** 50+50mg/kg/d in 2-3 ED; > **3M.:** 60 + 60mg/kg/d i.v. in 4 Einzeldosen; **DANI** GFR 41–70: max. 3 x 750 + 750mg; 21–40: max. 4 x 500 + 500mg; 6–20: max. 2 x 500 + 500mg
Meropenem Rp	HWZ 1h, Qo 0.12, PPB 2%, PRC B, Lact ?
Meronem *Inf.Lsg. 500, 1000mg*	**Atemwegs-, Harnwegs-, abd., Genital-, Haut-, Weichteilinf., Sepsis, neutropenisches Fieber:** 3 x 0.5–1g i.v.; **Ki. > 3M.:** 3 x 10–20mg/kg i.v.; **Meningitis:** 3 x 2g i.v.; **Ki.:** 3 x 40mg/kg i.v.; **DANI** GFR > 50: 100%; 26–50: 2 x 0.5–1g; 10–25: 2 x 250–500mg; < 10: 1 x 250–500mg

3.12 Glykopeptide

empf.: an-/aerobe grampos. Bakt., MRSA →72; **resist.:** alle gramneg. Bakt., Mykoplasmen, Chlamydien, Enterobakt.; **UW:** allerg. Reaktionen, Thrombophlebitis, oto-/nephrotoxisch, BB-Veränder. **KI:** SS/SZ; **Ink** (Vancomycin): Aminoglykoside, stabil. Muskelrelax.

Teicoplanin Rp	HWZ 70–100h, Q0 0.3, PPB 90%
Targocid *Amp. 100/1.8ml, 200mg/3.2ml, 400mg/3.2ml*	**Atemwegs-, Harnwegs-, abdominelle, Haut-, Knochen-, Weichteilinf., Sepsis, Endo-karditis:** d 1: 1 x 400mg, max. 800mg, dann: 1 x 200–400mg i.v./i.m.; **Ki.** < **2M.:** d1: 16mg/kg i.v./i.m., dann 1 x 8mg/kg; **2M.–12J.:** d1: 10mg/kg alle 12h, dann 1 x 6–10mg/kg i.v./i.m.; **DANI** GFR 40–60: ab d4 50%; < 40: GFR/100 x normale Dosis; HD: ini 800mg, dann 1 x 400mg/W.

Vancomycin Rp	HWZ 4–6(15)h, Q0 0.05, PPB 55%, th.Serumsp.(mg/l) min5–10 max30–40
Vanco Cell *Inf.Lsg. 0.5, 1g* **Vancomycin Deltasect** *Inf.Lsg. 0.5, 1g* **Vancomycin Enterocaps** *Kps. 250mg* **Vancomycin Hikma** *Inf.Lsg. 0.5, 1g* **Vancomycin-ratioph.** *Inf.Lsg. 0.5, 1g*	**Knochen-, Weichteilinf., Sepsis, Endokarditis:** 4 x 500mg od. 2 x 1g i.v.; **Ngb./Sgl.:** ini 15mg/kg/d, Erh.dos. 2-3 x 10mg/kg/d; **Ki.** < **12J.:** 4 x 10mg/kg i.v.; **DANI** GFR: 100: 100%, 70: 70%; 30: 30%; 10: 10%; HD: ini 1g, dann 1g alle 7–10d; **pseudomem. Enterocolitis:** 0.5–2g/d p.o. in 3–4 ED; **Ki.:** 40mg/kg/d

3.13 Streptogramine

empf.: alle grampos. Kokken incl. MRSA, E. faecium, Penicillin-G-resistente Pneumok., M. catarrhalis, Legionellen, Mycopl. pneumoniae, Chlamydien, Prevotella, Fusobakterien, Peptostreptok., Clostridien **resist.:** H. influenzae, E. faecalis, B. fragilis; **UW:** Juckreiz, Venenreizungen, Erythem u. Brennen i. Gesicht u. Oberkörper, Übelkeit, Arthralgien, Myalgien, Transamin. ↑, Bilirubin ↑, aP ↑; **KI:** SS, schwere Leberinsuff.; **Ink:** QT- ↑ - Medik.

Quinupristin + Dalfopristin Rp	PRC B, Lact ?
Synercid *Inf.Lsg. 150+350mg*	**Nosok. Pneum., Haut-, Weichteilinf., Inf. durch E. faecium:** 3 x 7.5mg/kg i.v. (ZVK); **DANI** sorgfältige Dosiseinstellung; **DALI** KI bei schwerer LI
Tyrothricin + Benzalkoniumchlorid + Bezocain	
Dorithricin *Lutschtabletten*	**Entzündl. Infektionen v. Mund, Rachen**; alle 2–3 h
Tyrothricin (Gramicidin) +Cetrimoniumbromid + Lidocain	
Lemocin *Lutschtabletten*	**Entzündl. Infektionen v. Mund, Rachen**; alle 13 h

3.14 Oxazolidinone

empf.: alle grampositiven Keime; **resist.:** alle gramnegativen Keime; **UW:** Kopfschmerzen, Venenreizungen, Juckreiz, Übelkeit, Erbrechen, Diarrhoe, Candidiasis, metallischer Geschmack, BB-Veränderungen, Transaminasen ↑, Bilirubin, aP, LDH; **KI:** unkontrollierbare Hypertonie; **Ink:** MAO-A-Hemmer, Sympathomimetika, Serotoninreuptakehemmer, trizyklische Antidepressiva, $5HT_1$-Rezeptorantagonisten

Linezolid Rp	HWZ 5h, PPB 31%, PRC C, Lact ?
Zyvoxid *Tbl. 600mg; Granulat (5ml = 100mg); Inf.Lsg. 600mg/300ml*	**Nosok., amb. erworbene Pneumonie, schwere Haut-, Weichteilinf.:** 2 x 600mg p.o./i.v. für 10-14d; **DANI** nicht erforderl.

3.15 Lipopeptide

empf.: Staph. aureus (auch MRSA), koagulaseneg. Staphylokokken, Enterokokken (auch VRE), S. agalactiae, S. dysgalactiae subsp equisimilis, S. pyogenes, Streptokokken der Gruppe G, Cl. perfringens, Peptostreptococcus spp.
resist.: alle gramnegativen Keime
UW: Pilzinfektionen, Kopfschmerzen, Übelkeit, Erbrechen, Durchfall, Exanthem, Reaktionen an Infusionsstelle, Leberenzyme ↑ (GOT, GPT, AP), CK ↑, Geschmacksstrg., SV-Tachykardie, Extrasystolie, Flush, RR ↑/RR ↓, Obstipation, Bauchschmerzen, Dyspepsie, Glossitis, Ikterus, Pruritis, Urtikaria, Myositis, Muskelschwäche/-schmerzen, Arthralgie, Vaginitis, Pyrexie, Schwäche, Erschöpfung, Schmerzen, Ely-Strg., Kreatinin ↑, Myoglobin ↑, LDH ↑
KI: bek. Überempf., SS/SZ

Daptomycin Rp	HWZ 8-9h, PPB 90% PRC B, Lact ?
Cubicin *Inf.Lsg. 350, 500mg*	**Kompliz. Haut- u. Weichteilinf.:** 1 x 4mg/kg i.v. f. 10-14d; **St. aureus Bakteriämie, Endokarditis mit Staph. aureus:** 1 x 6mg i.v.; **DALI** Child-Pugh A, B: 100%; C: keine Daten; **DANI** GFR >30: 100%; <30, HD: strenge Ind. Stell., 4mg/kg alle 48h

3.16 Sonstige Antiinfektiva

empf. (Aztreonam): gramneg. aerobe Bakterien; **empf.** (Fosfomycin): Staphylokokken, Streptokokken, E. coli, Enterobacter, Proteus,P. aeruginosa, Neisseria, H. influenzae, Citrobacter, Serratia
resist. (Aztreonam): grampos. u. anaerobe Bakterien; **resist.** (Fosfomycin): Morganella, Bacteroides
Ink (Pentamidin): Didanosin, Foscarnet

Atovaquon Rp	HWZ 50-84h, PPB 99%, PRC C, Lact ?
Wellvone *Susp. (5ml = 750mg)*	**Pneumocystis car. Pneum.:** 2 x 750mg p.o.
Aztreonam Rp	HWZ 1.6h, Q0 0.2, PPB 56%, PRC B, Lact +
Azactam *Inf.Lsg. 0.5, 1, 2g*	**Atemwegs-, Harnwegs-, Knochen-, Haut-, Weichteil-, abd., gyn. Inf., Sepsis, Meningitis:** 2-3 x 0.5-2g i.v./i.m., max. 8g/d; **Ki. 1W.-2J.:** 3-4 x 30mg/kg; > 2J.: 3-4 x 50mg/kg; **DANI** GFR > 30: 100%; 10-30: 50%; < 10: 25%
Fosfomycin Rp	HWZ 2h, Q0 0.1, keine PPB, PRC B, Lact ?
Infectofos *Inf.Lsg. 2, 3, 5, 8g* **Monuril** *Btl. 3g*	**Atemwegs-, HNO-, Harnwegs-, Gallenwegs-, Haut-, Weichteil-, Knocheninfektion, Meningitis, Sepsis, Endokarditis:** 2-3 x 3-5g i.v., max. 20g/d; **Ki** < **4W.:** 2 x 50mg/kg i.v.; **5W.-1J.:** 200-250mg/kg/d in 3 ED; **1-12J.:** 100-200, max. 300mg/kg in 3 ED; **DANI** GFR 45: 80%; 8: 40%; 2: 20%, 0.5: 10% **unkompl. Harnwegsinfektion:** 1 x 3g p.o.; **DANI** GFR<80: KI
Nitrofurantoin Rp	HWZ 20min-1h, Q0 0.7, PPB 50-60%, PRC B, Lact
Furadantin *Kps. 50, 100 (ret.)mg* **Nifurantin** *Tbl. 100mg* **Nifuretten** *Tbl. 20mg* **Nitrofurantoin retard-ratioph.** *Kps. 100 (ret.)mg* **Uro-Tablinen** *Tbl. 50mg*	**Harnwegsinfektion**: 2-3 x 100mg p.o.,; **Ki.:** 5mg/kg/d; **Langzeitth.**: 2-3 x 50mg; 1-2 x 100mg; **Ki.:** 2-3mg/kg/d; **DANI** KI

Pentamidin Rp	HWZ 6-9h, Qo 0.95, PPB 70%, PRC C, Lact -
Pentacarinat *Inf.Lsg. 300mg*	**Pneumocystis carinii-Pneumonie:** Th.: für 14d 4mg/kg i.v. od. 300-600mg/d inhal.; **Pro.:** 200mg über 4d, dann 300mg alle 4 W. inhal.; **Leishmaniose:** 3-4mg/kg alle 2d i.m., 10x; **Trypanosomiasis:** 4mg/kg alle 2d i.v./i.m., 7-10x; **DANI** s. Fachinfo

Pyrimethamin Rp	HWZ 80-96h, Qo 1.0, PPB 80%, PRC C, Lact +
Daraprim *Tbl. 25mg*	**Toxoplasmose:** d1 100mg p.o., dann 1 x 25-50mg; **Ki.** < **3M.:** 6.25mg alle 2d; **3-9M.:** 1 x 6.25mg; **10M.-2J.:** 1 x 1mg/kg/d, max. 25mg; **3-6J.:** d1 2mg/kg, dann 1mg/kg; Komb. m. Sulfadiazin →83

3.17 Tuberkulostatika

3.17.1 Monopräparate

empf. (EMB): M.tuberculosis, M.kansasii, M.avium-intacellulare; **empf.** (INH): M.tuberculosis, M.kansasii **empf.** (PTH): M.tuberculosis, M.kansasii, M.leprae; **empf.** (PZA): M.tuberculosis; **empf.** (RMP): M.tuberculosis, grampos. Kokken, Legionellen, Chlamydien, M.leprae, Meningokokken, Gonokokken, H.influenzae, Bacteroides; **empf.** (SM): M.tuberculosis, Brucellen, Yersinia pestis, Francisella tularensis;
UW (EMB): N. opticus-Schädigung, Transaminasen ↑, allerg. Reaktionen;
UW (INH): periph. Neurop., Transaminasen ↑, Akne, Leukopenie, Mikrohämaturie;
UW (PTH): GI-Strg., Transaminasen ↑, allerg. Reaktionen;
UW (PZA): Hyperurikämie, Transaminasen ↑, Erbrechen, Strg. d. Hämatopoese;
UW (RMP): Transaminasen ↑, Cholestase, Rotfärbung des Urins, Neutro- und Thrombopenie, Nierenversagen; **UW** (SM): Schädigung des N. vestibularis, Nephrotoxizität;
KI (EMB): Vorschädigung des N. opticus; **KI** (INH): akute Lebererkr., periphere Neuropathien;
KI (PTH, PZA): schwere Leberfunktionsstrg., SS (PTH); **KI** (RMP): schwere Leberfunktionsstrg., SZ; Cave in SS;
KI (SM): schwere Niereninsuff., Innenohrschädigung, SS/SZ;
Ink (RMP): Azole, Calciumantagonisten, CSE-Hemmer, Dapson, Doxyclyclin, Propafenon

Ethambutol (EMB) Rp	HWZ 2.5-4h, Qo 0.8, PPB 10-20%, PRC B, Lact +
EMB-Fatol *Tbl. 100, 250, 400, 500mg; Inf.Lsg. 1000mg/10ml* **Myambutol** *Tbl. 400mg; Amp. 400mg/4ml, 1000mg/10ml*	**TBC:** 1 x 25mg/kg p.o./i.v./i.m., n. 2-3 M. 1 x20mg/kg; **DANI** GFR 40-75: 1 x 15mg/kg; 30-39: 15mg/kg alle 2d; < 30: n. Serumspiegel

Isoniazid (INH) Rp	HWZ 0.7-4h, Qo 0.6, PPB 30%, PRC C, Lact +
Isozid *Tbl. 50, 100, 200mg; Inf.Lsg. 0.5g* **Tebesium-s** *Inf.Lsg. 100, 250mg*	**TBC:** 1 x 5mg/kg p.o./i.v.; 15mg 2-3 x/W.; **Ki.:** 1 x 200mg/m^2 KOF; **Pro.:** 500mg p.o./i.v. f. mind. 6-9 M.; **Ki.:** 15mg/kg 3x/W. p.o., 5mg/kg/d i.v.; **DANI** nicht erforderl., evtl. 1-2d/W. Pause; **DALI** max. 100-200mg/d

Protionamid (PTH) Rp	HWZ 1-2h, keine PPB
Ektebin *Tbl. 250mg* **Peteha** *Tbl. 250mg*	**TBC:** 10-15mg/kg p.o. in 1-3 Einzelgaben; **Ki.** < **4J.:** 25mg/kg p.o.; **5-8J.:** 20mg/kg; > **9J.:** 15mg/kg; **DANI** 2-3 x/W. 1g p.o.; **DALI** KI

Pyrazinamid (PZA) Rp	HWZ 9-23h, Q0 1.0, PPB 50%, PRC C, Lact ?
Pyrafat *Tbl. 500mg* **Pyrazinamid** *Tbl. 500mg*	**TBC:** 1 x 20-30mg/kg p.o., max. 2.5g/d f. 2-3 M.; **Ki.:** 1 x 30mg/kg p.o. max. 1.5g/d; **DANI** 2 x/W. 3g; **DALI** KI bei schwerer Funktionsstrg.
Rifampicin (RMP) Rp	HWZ 2-3h; Q0 0.85, PPB 90%, PRC C, Lact -
Eremfat *Tbl. 150, 300, 450, 600mg; Saft (5ml = 100mg); Inf.Lsg. 300, 600mg* **Rifa** *Tbl. 150, 300, 450, 600mg; Inf.Lsg. 300, 600mg* **Rifampicin Hefa** *Kps. 150, 300mg; Tbl. 450, 600mg; Inf.Lsg. 600mg*	**TBC:** 1 x 10mg/kg p.o./i.v., max. 750mg/d; **Ki.** < **2M.:** 10mg/kg, **2M.-6J.:** 15mg/kg; > **6J.:** 10-20mg/kg, max. 450mg/d; **andere Inf:** 600-1200mg/d p.o./i.v. in 2-3 ED; **Meningokokken-Pro.:** 2 x 600mg p.o. f. 2d; **Ki. 3-11M.:** 2 x 5mg/kg f. 2d; **1-12J.:** 2 x 10mg/kg f. 2d; **DANI** nicht erforderl.; **DALI** KI bei schwerer Funktionsstrg.
Streptomycin (SM) Rp	HWZ 2.5h, Q0 0.04, PPB 32-35%, PRC D, Lact +
Strepto-Fatol *Inj.Lsg. 1g* **Strepto-Hefa** *Inj.Lsg. 1g*	**TBC, Brucell., Tularäm.:** 1 x 15mg/kg i.m.; > **50 J.:** 1 x 0.5g; **Ki.** < **3M.:** 1 x 10mg/kg, max. 50mg/d; **3-6 M.:** 1 x 15-25mg/kg; **0,5-12J.:** 1 x 20-30mg/kg, max. 1g/d; **Enterokok.-Endokard.:** 1 x 2g f. 10-14d; **DANI** GFR 50-60: 1g alle 40h; 40-50: 1g alle 60h; 30-40: 1g alle 72h; <30:KI; HD: zusätzl. 3.5-5mg

3.17.2 Kombinationspräparate

Rifampicin + Isoniazid Rp	
Iso-Eremfat *Tbl. 150+100mg, 300+ 150mg* **Rifinah** *Tbl. 300+150mg* **Tebesium Duo** *Tbl. 300+150mg*	**TBC:** 1 x 10 + 5mg/kg p.o.
Isoniazid + Pyridoxin Rp	
Isozid compositum *Tbl. 100+20mg, 200+40mg, 300+60mg, 400+80mg* **Tebesium** *Tbl. 200+20mg, 300+30mg, 400+40mg*	**TBC:** 1 x 5mg/kg INH p.o.
Rifampicin + Isoniazid + Pyrazinamid Rp	
Rifater *Tbl. 120+50+300mg* **Tebesium Trio** *Tbl. 120+50+300mg*	**TBC:** < 40kg: 1 x 3 Tbl. p.o.; 40-49kg: 1 x 4 Tbl.; 50-65kg: 1 x 5 Tbl.; > 65kg: 1 x 6 Tbl.; **DALI** KI bei schwerer LI

3.17.3 Tuberkulostatika - Reservemittel

empf. (Capreomycin): M.tuberculosis, auch streptomycinresistente Stämme; **empf.** (Dapson): M.tuberculosis, M.leprae, Pneumocystis carinii; **empf.** (Rifabutin): M.tuberculosis, M.marinum, M.kansasii, M.leprae, M.avium intracellulare, grampos. Kokken, Legionellen, Chlamydien; **UW** (Rifabutin): rot-orange Färbung des Urins, Übelkeit, Erbrechen, Leberenzyme ↑, Gelbsucht, Leukopenie, Eosinophilie, Thrombopenie, Anämie, Fieber, Hautrötung, Bronchospasmen, Schock, reversible Uveitis, Wi hormoneller Kontrazeptiva u.a. ↓; **KI** (Rifabutin): Überempf. gg. andere Rifamycine, Verschlussikterus, Leberzirrhose, akute Hepatitis, Cave in SS/SZ; **Ink** (Dapson): Rifampicin; **Ink** (Rifabutin): Azole, Clarithromycin, CSE-Hemmer, Proteaseinhibitoren

Capreomycin	
Ogostal *(Int. Apotheke) Inj.Lsg 1g*	**TBC:** 1 x 1g i.m. für 1-2 M., dann: 1g 2-3 x/W.
Dapson Rp	HWZ 10-50h, PPB 70-90%, PRC C, Lact -
Dapson-Fatol *Tbl. 50mg*	**TBC:** 50-200mg p.o.; **Lepra:** 1 x 50-100mg p.o.

4-Aminosalicylsäure Rp	HWZ 26min, PPB 50-70%
PAS-Fatol N *Inf. Lsg. 13.5g*	**TBC:** 1 x 10-15g i.v., max. 40g/d; **Ki. > 14J.:** s. Erw.; **Ki. < 6J.:** 200-300mg/kg/d; >6J.: 200mg/kg/d

Rifabutin Rp	HWZ 45h, Q0 0.9, PPB 91-94%, PRC B, Lact ?
Alfacid *Kps. 150mg* **Mycobutin** *Kps. 150mg*	**TBC:** 1 x 150mg f. 6-9 M.; vorbehandelte u. immunsupprimierte Pat.: 1 x 300-450mg p.o.; **Mycob. avium-Inf.:** Th: 1 x 450-600mg p.o.; **Pro.:** 1 x 300mg; **DANI** GFR < 30: 50% ; **DALI** Dosisreduktion, KI bei schwerer Leberfunktionsstrg.

3.18 Virustatika

3.18.1 Herpes-Präparate

Wm (Aciclovir): Hemmung der viralen DNA-Polymerase
Wm (Brivudin): Nukleosidanalogon, Replikationshemmung des Varizella-Zoster-Virus
Wm (Famciclovir): Hemmung der viralen DNA-Polymerase
Wm (Valaciclovir): bessere Resorption als Aciclovir
UW (Aciclovir): Nierenfunktionsstrg., Exanthem, BB-Veränderungen
UW (Brivudin): Übelkeit, Kopfschmerzen, Erbrechen, Diarrhoe, Schwindel, Pruritus
KI (Aciclovir): SS/SZ
KI (Brivudin): bereits voll ausgeprägte Hautmanifestation, SS/SZ
Ink (Brivudin): 5-Fluoropyrimidine (z.B. 5-FU)

Aciclovir Rp	HWZ 3h, Q0 0.25, PPB 9-33%, PRC B, Lact ?
Acic *Tbl. 200, 400, 800mg* **Aciclostad** *Tbl. 200, 400, 800mg* **Aciclovir-ratioph.** *Tbl. 200, 400, 800mg; Inf.Lsg. 250, 500mg* **Mapox** *Tbl. 200, 400, 800mg* **Supraviran** *Inf.Lsg. 250mg* **Virzin** *Tbl. 200, 400, 800mg* **Zovirax** *Tbl. 200, 400, 800mg; Susp. 5ml = 200mg; Inf.Lsg. 250, 500mg*	**Herpes zoster:** 5 x 800mg p.o.; 3 x 5mg/kg i.v. (5-7d) immunsuppr. Pat.: 3 x 10mg/kg i.v.; **Herpes genitalis:** 5 x 200mg p.o.; 3 x 5mg/kg i.v. (5d); **Herpes-Enzeph.:** 3 x 10mg/kg i.v. f. 10d; **Ki. < 3M., > 12J.:** s. Erw. (mg/kg); **> 3M.-12J.:** 3 x 250-500mg/m^2 KOF i.v.; **DANI** GFR: > 50: 100%; 25-50: Dos.Intervall 2 x i.v.; 10-25: Dos.Intervall 1 x i.v.; < 10, HD: 50% 1 x i.v., nach Dialyse

Brivudin Rp	HWZ 16h, PPB >95%
Zostex *Tbl. 125mg*	**Herpes zoster** (immunkompetente Pat.): 1 x 125mg p.o. f. 7d; **DANI** nicht erforderl.

Famciclovir Rp	HWZ 2.2h, Q0 0.14, PPB <20%, PRC B, Lact ?
Famvir *Tbl. 125, 250mg* **Famvir Zoster** *Tbl. 250mg*	**Herpes genitalis:** Ersterkr.: 3 x 250mg p.o. f. 5d, immunsuppr. Pat.: 2 x 500mg; Frührezidiv: 2 x 125mg; **Herpes zoster:** 3 x 250mg für 7-10d; immunsuppr. Pat., Z. ophthalm.: 3 x 500mg; **DANI** GFR > 40: 100%; 30-39: 2 x 250mg; 10-29: 1 x 250mg; **DALI** nicht erforderl.

Valaciclovir Rp	HWZ 3h, Q0 0.25
Valtrex *Tbl. 500mg* **Valtrex S** *Tbl. 500mg*	**Herpes zoster:** 3 x 1g p.o. f. 7d; **DANI** GFR 15-30: max. 2 x 1g; < 15, HD: max. 1 x 1g nach Dialyse; **Herpes genitalis:** 2 x 500mg p.o. f. 10d; **DANI** GFR<15: 1 x 500mg

3.18.2 CMV-Präparate

Wm (Cidofovir): Nukleosidanalogon, Hemm. der DNA-Polymerase; **Wm** (Foscarnet): Hemmung viraler Polymerasen; **Wm** (Ganciclovir): Nukleosidanalogon, Hemmung der DNA-Synthese; **Wm** (Valganciclovir): Prodrug v. Ganciclovir; **Wm** (Zanamivir): Hemmung der viralen Neuraminidase, Hemmung der Freisetzung neu gebildeter Influenza-A u. B-Viren;
UW (Cidofovir): Proteinurie, Kreatinin ↑, Neutropenie, Fieber, Dyspnoe, Übelkeit, Diarrhoe, Alopezie, Hautausschlag; **UW** (Ganciclovir): Neutropenie, Thrombopenie, Fieber, Kopfschmerzen, Nausea;
KI (Aciclovir): SS/SZ; **KI** (Cidofovir): Krea > 1.5mg/dl bzw. Krea-Clearance < 55ml/min., Proteinurie > 100mg/dl, SS/SZ; **KI** (Ganciclovir): schwere Leuko- bzw. Thrombopenie, SS/SZ, Kinder < 18J.;
Ink (Foscarnet): Aminoglykoside, Ciclosporin, Radiokontrastmittel, Pentamidin; **Ink** (Ganciclovir): Imipenem, Zidovudin

Cidofovir Rp	HWZ 2.2h, Q0 0.13, PPB bis10%, PRC C, Lact?
Vistide *Inf.Lsg. 375mg*	**CMV-Retinitis:** 5mg/kg i.v. d 1 u. 8, dann alle 14d; **DANI** GFR<55: KI

Foscarnet Rp	HWZ 3-6h, Q0 0.1, PPB <20%, PRC C, Lact ?
Foscavir *Inf.Lsg. 6g*	**CMV-Infektion:** W. 1-3: 3 x 60mg/kg i.v., dann: 1 x 90-120mg/kg; **Herpesinfektion (Aciclovir-resist.):** 3 x 40mg/kg i.v.; **DANI** s. Fachinfo

Ganciclovir Rp	HWZ 2.5-5h, Q0 0.05, PPB 2%, PRC C, Lact ?
Cymeven *Inf.Lsg. 500mg*	**CMV-Retinitis:** W. 1-2: 2 x 5mg/kg i.v., dann: 1 x 5mg/kg i.v.; **DANI** GFR 50-69: 2 x 2.5mg/kg i.v.; 25-49: 1x 2.5mg/kg; 10-24: 1 x 1.25mg/kg; < 10: 1.25mg 3 x/W.

Valganciclovir Rp	HWZ 3h
Valcyte *Tbl. 450mg*	**CMV-Retinitis:** 2 x 900mg p.o. f. 21d; dann 1 x 900mg/d; **DANI** GFR < 60: ini 2 x 900mg, dann 1 x 900mg; 40-59: ini 2 x 450mg, dann 1 x 450mg; 25-39: ini 1 x 450mg, dann 450mg alle 2d; 10-24: ini 450mg alle 2d, dann 450mg 2x/W.; < 10, HD: KI

3.18.3 Influenza-Präparate

Wm (Amantadin): verhindert Uncoating und Reifung v. Influenza-Viren
Wm (Oseltamivir, Zanamivir): Hemmung der viralen Neuraminidase, Hemmung der Freisetzung neu gebildeter Influenza-A- u. B-Viren
UW (Amantadin): Schlafstrg., motor. u. psych. Unruhe, Ataxie, Angstzustände, Livedo reticularis, Gedächtnis- u. Konzentrationsstrg.
KI (Amantadin): HF ↓, Hypokaliämie, Hypomagnesiämie, long-QT-Synd.
Ink (Amantadin): Kl. IA u. III-Antiarrhythmika sowie zahlreiche andere Wirksstoffe (s. FachInfo)

Amantadin Rp	HWZ 10-14h, Q0 0.1, keine PPB, PRC C, Lact -
Adekin *Tbl. 100mg* **Amantadin HEXAL** *Tbl. 100, 200mg* **Amantadin-ratioph.** *Tbl. 100mg* **Infectoflu** *Saft (5ml = 50mg)*	**Influenza-A Virusgrippe:** 2 x 100mg p.o. für 10d, > 65J.: 1 x 100mg; **Ki. 5-9J.:** 1 x 100mg; > **10J.:** 2 x 100mg; **DANI** GFR 50-60: 1 x 150mg; 30-49: 1 x 100mg; 20-29: 200mg 2x/W.; 10-19: 100mg 3x/W.; < 10, HD: 100mg 1 x/W.

Oseltamivir Rp	HWZ 6–10h, Q0 0.01, PPB 3%
Tamiflu *Trockensaft(1ml = 12mg); Kps. 30,40, 75mg*	**Influenza**: Th: 2 x 75mg p.o. (5d); Pro.: 1 x 75mg(7d); **Ki. > 1J.,** Th: <15kg: 2 x 30mg; 15–23kg: 2 x 45mg; 23–40kg: 2 x 60mg; >40kg: 2 x 75mg; **DANI** GFR >30: Th/Pro 2 x 75mg/1x75mg; 10-30: 1 x 75mg/75mg alle 2d oder tgl. 30mg; <10, Dialyse: nicht empfohlen; **DALI** nicht erforderl.

Zanamivir Rp	HWZ 1.6–5.1h, PRC B, Lact ?
Relenza *Diskhaler, Einzeldosis = 5mg*	**Influenza A, B:** 2 x 10mg inhalieren f. 5d; **DANI/DALI** nicht erforderl.

3.18.4 Nukleosidische u. Nukleotidische Reverse-Transkriptase-Inhibitoren (NRTI)

Wm/Ind (Nukleosidanaloga): Block. d. Umwandl. von RNA in DNA durch chem. verändertes Nukleosid
UW (Abacavir): Übelkeit, Müdigkeit, Fieber, Kopfschmerzen, Diarrhoe, Anorexie; **UW** (Adefovir): Asthenie, Bauch-/Kopfschmerzen, Übelkeit, Diarrhoe, Krea ↑; **UW** (Didanosin, Stavudin): Polyneuropathie, Pankreatitis, Diarrhoe, Exanthem; **UW** (Emtricitabin): Kopfschmerzen, Übelkeit, Diarrhoe, Ck ↑, Exanthem; **UW** (Lamivudin): Kopfschmerzen, Übelkeit, Pankreatitis; **UW** (Tenofovir): Diarrhoe, Übelkeit, Erbrechen, Hypophosphatämie, Flatulenz; **UW** (Zidovudin): Anämie, Leuko ↓, Myopathie, Übelkeit, Kopfschmerzen;
KI (Abacavir): schwere Leberfunktionsstrg., SS/SZ; **KI** (Adefovir): bek. Überempfindlichkeit; **KI** (Didanosin): akute Pankreatitis, SS/SZ; **KI** (Emtricitabin): bek. Überempfindlichk.; **KI** (Lamivudin, Stavudin): SS/SZ; **KI** (Tenofovir): schwere Nierenfunktionsstrg.; **KI** (Zidovudin): Leuko ↓ < 750/µl, Hb< 7.5g/dl, SS/SZ;
Ink (Didanosin): Cotrimoxazol, Fluorochinolone, Kortikosteroide, Pentamidin, Rifampicin;
Ink (Zidovudin): Ribavirin

Abacavir (ABC) Rp	HWZ 1–2h, Q0 0.95, PPB 50%, PRC C, Lact –
Ziagen *Tbl. 300mg; Saft (1ml = 20mg)*	**HIV-Inf.:** 2 x 300mg p.o.; **Ki. 3M.–12J.:** 2x 8mg/kg, max. 600mg/d; **DANI** nicht erford.; **DALI** Anw. nicht empfohlen

Abacavir + Lamivudin Rp	PRC C, Lact –
Kivexa *Tbl. 600+300mg*	**HIV-Inf.:** 1 x 600 + 300mg p.o.; **DANI** GFR <50: Anw. nicht empf.; **DALI** Anw. nicht empfohlen

Adefovir Rp	HWZ 1–2h, PPB <4%, PRC C, Lact –
Hepsera *Tbl. 10mg*	**Chron. Hepatitis B:** 1 x 10mg p.o.; **DANI** GFR > 50: 100%; 20–49: 10mg alle 48h; 10–19: 10mg alle 72h; HD: 10mg alle 7d

Didanosin (DDI) Rp	HWZ 1.3–1.5h, Q0 0.5, PPB <5%, PRC B, Lact ?
Videx *Kps. 125, 200, 250, 400mg; Trockensaft (10ml = 200mg)*	**HIV-Inf.:** < **60kg:** 250mg/d p.o.; > **60kg:** 400mg/d in 1–2 Einzeldos.; **Ki.** > **3M.:** 240mg/m² KOF p.o. in 1–2 Einzeldosen, 180mg/m² b. Komb. m. Zidovudin; **DANI** GFR > 60: 100%; 30–59: m 60kg: 200mg/d, < 60kg: 150mg/d; 10–29: m 60kg: 150mg/d, < 60kg: 100mg/d; < 10: m 60kg: 100mg/d, < 60kg: 75mg/d

Emtricitabin (FTC) Rp	HWZ 10h, PPB <4%, PRC B, Lact –
Emtriva *Kps. 200mg; Saft (1ml = 10mg)*	**HIV-Inf.:** 1 x 200–240mg p.o.; **Ki. < 33kg:** 6mg/kg/d, max. 240mg/d; **Ki. > 33kg.:** s. Erw.; **DANI** GFR >50: 100%; 30–49: 200mg alle 48h; 15–29: 200mg alle 72h; <15, HD: 200mg alle 96h (gilt f. Tbl., Saft s. FachInfo)
Emtricitabin + Tenofovir Rp	PRC B, Lact –
Truvada *Kps. 200+136mg*	**HIV-Inf.:** 1 x 200 + 136mg p.o.; **DANI** GFR >50: 100%; 30–49: 1 Kps. alle 48h; <30, HD: Anw. nicht empfohlen
Entecavir Rp	HWZ 128–149h, PPB 13%, PRC C, Lact–
Baraclude *Tbl. 0.5, 1mg*	**Chron. Hepatitis B:** nukleosid-naive Pat./Lamivudin-refraktäre Pat.: 1 x 0.5/1mg p.o.; **DANI** GFR 30–49: 0.25/0.5mg/d; 10–29: 0.15/0.3mg/d; <10, HD: 0.05/0.1mg/d; **DALI** nicht erforderl.
Lamivudin (3TC) Rp	HWZ 3–7h, Q0 0.03, PPB 16–36%, PRC C, Lact?
Epivir *Tbl. 150, 300mg; Saft (1ml = 10mg)* **Zeffix** *Tbl. 100mg; Saft (1ml = 5mg)*	**HIV-Inf.:** 300mg/d p.o. in 1–2 Einzeldosen; **Ki. > 3M.:** 2 x 4mg/kg; **DANI** GFR > 50: 100%; 30–50: 1 x 150mg; 15–29: 1 x 100mg; 5–14: 1 x 50mg; < 5: 1 x 25mg; **chron. Hepatitis B:** 1 x 100mg p.o.; **DANI** GFR 30–49: ini 100mg, dann 50mg/d; 15–29: ini 100mg, dann 25mg/d; 5–14: ini 35mg, dann 15mg/d; < 5: ini 35mg, dann 10mg/d
Lamivudin + Zidovudin (CBV) Rp	PRC C, Lact ?
Combivir *Tbl. 150+300mg*	**HIV-Inf.:** 2 x 1 Tbl. p.o.; **DANI** GFR < 50: Monopräparate empfohlen
Lamivudin + Zidovudin + Abacavir Rp	PRC C, Lact –
Trizivir *Tbl. 150+300+300mg*	**HIV-Inf.:** 2 x 1 Tbl. p.o.; **DANI** GFR < 50: Monopräparate empfohlen; **DALI** KI
Stavudin (D4T) Rp	HWZ 1–1.5h, Q0 0.6, PPB unerheblich, PRC C, Lact ?
Zerit *Kps. 20, 30, 40mg; Trockensaft (1ml = 1mg)*	**HIV-Inf.:** < 60kg: 2 x 30mg p.o.; > **60kg:** 2 x 40mg; **Ki. > 3M., < 30kg:** 2 x 1mg/kg; > **30kg:** s. Erw.; **DANI** GFR 26–50: 2 x 15–20mg; < 26, HD: 1 x 15–20mg; **DALI** nicht erforderl.
Telbivudin Rp	HWZ 42h, PPB 3%, PRC B Lact –
Sebivo *Tbl. 600mg*	**Chron. Hepatitis B:** 1 x 600mg p.o.; **DANI** GFR 30–49: 600mg alle 2d; <30: 600mg alle 72h; terminale NI: 600mg alle 96h; **DALI** nicht erforderl.
Tenofovir (TDF) Rp	HWZ 12–18h, PPB <0,7%
Viread *Tbl. 245mg*	**HIV-Inf.:** 1 x 245mg p.o.; **DANI** GFR 30–49: 245mg alle 48h; 10–29: 245mg alle 72–96h; HD: 1 x 245mg/W.
Zidovudin (AZT) Rp	HWZ 1h, Q0 0.85, PPB 35%, PRC C, Lact ?
Retrovir *Kps. 100, 250mg; Tbl. 300mg; Saft (5ml = 50mg); Inf.Lsg. 200mg*	**HIV-Inf.:** 500–600mg/d p.o. in 2–3 ED; 6 x 1–2mg/kg i.v.; **Ki. 3M.–12J.:** 360–480mg/m² KOF p.o. in 3–4 ED; 4 x 80–160mg/m² KOF i.v.; **DANI** GFR < 10: 300–400mg/d p.o.; 3–4 x 1mg/kg i.v.

3.18.5 Non-Nukleotidische Reverse-Transkriptase-Inhibitoren (NNRTI)

Wm/Ind (Efavirenz, Nevirapin): direkte Bindung an Reverse Transkriptase ⇒ Blockade der DNA-Polymerase von HIV-1
UW (Efavirenz): Schwindel, Benommenheit, Konzentrationsstrg., Schlaflosigkeit, Exanthem, Leberenzyme ↑
UW (Nevirapin): Hautausschlag, Übelkeit, Fieber, Kopfschmerzen, Leberwerte ↑
KI (Efavirenz): SS/SZ, Kinder < 3 J
KI (Nevirapin): SS/SZ
Ink (Efavirenz): Midazolam, Triazolam, Terfenadin, Ergotaminderivate

Efavirenz (EFV) Rp	HWZ 40–55h, Q0 >0.9, PPB 99%, PRC C, Lact –
Sustiva *Kps. 50, 100, 200mg; Tbl. 600mg; Saft(1ml = 30mg)*	**HIV-Inf.:** 1 x 600mg p.o.; 1 x 720mg p.o.; **Ki. 3–17J.:** < **15kg:** 200mg; **15–19kg:** 250mg; **20–24kg:** 300mg; **25–32kg:** 350mg; **32.5–39kg:** 400mg; > **40kg:** 600mg; **DANI** nicht erforderl.; **DALI** Child C: KI
Nevirapin (NVP) Rp	HWZ 22–84h, Q0 0.95, PPB 60%, PRC C, Lact ?
Viramune *Tbl. 200mg; Saft (5ml = 50mg)*	**HIV-Inf.:** 1 x 200mg p.o., n. 14d 2 x 200mg; **Ki. 2M.–8J.:** 1 x 4mg/kg p.o., nach 14d 2 x 7mg/kg; **8–16J.:** 1 x 4mg/kg, nach 14d 2 x 4mg/kg; **DANI** HD: weitere 200mg n. jeder Dialyse; **DALI** Child C: KI

3.18.6 Proteaseinhibitoren (PI)

Wm/Ind (PI): spezif. Hemmung der HIV-Protease ⇒ Produktion wichtiger Virusproteine ↓ (z.B. reverse Transkriptase)
UW (Amprenavir): GI-Symptome, Hautausschläge, periorale Paraesthesien
UW (Indinavir, Ritonavir): Übelkeit, Kopfschmerzen, Diarrhoe, Müdigkeit, Exanthem
UW (Nelfinavir, Saquinavir): Diarrhoe, Übelkeit, Exanthem
UW (Atazanavir): Ikterus, Lipodystrophie, Kopfschmerzen, Schlaflosigkeit, Sklerenikterus, Bauchschmerzen, Diarrhoe, Dyspepsie, Übelkeit, Erbrechen, Ausschlag, Asthenie
UW (Fosamprenavir): Diarrhoe, Triglyzeride ↑, Kopfschmerzen, Schwindel, weiche Stühle, Übelkeit, Erbrechen, Unterleibsschmerzen, Müdigkeit, erythematöse/makulopapuläre Hauteruptionen, Transaminasen ↑, Lipase ↑
UW (Tipranavir): Hautausschlag, Pruritus, Photosensibilität, Lebertoxizität, Hypertriglyceridämie, Anorexie, Kopfschmerzen, Diarrhoe, Übelkeit, Erbrechen, Flatulenz, Bauchschmerzen, Dyspepsie; Erschöpfung
KI (Amprenavir): Kinder < 4J., Leber- u. Nierenversagen, SS
KI (Atazanavir): bek. Überempf, mäßige bis schwere Leberinsuffizienz
KI (Fosamprenavir): bek. Überempf., schwere Leberinsuff.; **KI** (Indinavir): SS/SZ
KI (Nelfinavir): SS/SZ; **KI** (Ritonavir): schwere Leberinsuff., Cave in SS/SZ
KI (Saquinavir): SS/SZ; **KI** (Tipranavir): bek. Überempf., Leberinsuff. (Child B-C)
Ink (Amprenavir): Disulfiram, Metronidazol; **Ink** (Atazanavir): Rifampicin, Johanniskraut, CYP3A4-Substrate wie Terfenadin, Pimozid, Chinidin, Mutterkorn-Alkaloide
Ink (Fosamprenavir): Rifampicin, Johanniskrautpräparate, Propafenon, Flecainid, CYP3A4-Substrate wie Terfenadin, Pimozid, Chinidin, Mutterkorn-Alkaloide
Ink (Indinavir): Benzodiazepine, Amiodaron, Rifabutin, Rifampicin
Ink (Nelfinavir): Rifabutin, Rifampicin, Terfenadin
Ink (Ritonavir): Amiodaron, Benzodiazepine, Chinin, Flecainid, Propafenon, Rifabutin, Rifampicin, Zolpidem
Ink (Saquinavir): Benzodiazepine, Grapefruitsaft, Rifampicin
Ink (Tipranavir): Rifampicin, Johanniskraut, Amiodaron, Chinidin, Ergotaminderivate, Terfenadin, Pimozid, Sertindol, Triazolam, Simvastatin, Lovastatin, Flecainid, Propafenon

Amprenavir (APV) Rp	HWZ 7-10h, PPB 90%, PRC C, Lact -
Agenerase *Kps. 50mg; Saft (15mg/ml)*	**HIV-Inf.:** Tbl.: 2 x 1200mg p.o., Komb. mit Ritonavir 2 x 600mg; Saft: 3 x 17mg/kg p.o.; **Ki. 4-12J., Pat. < 50kg:** Tbl.: 2 x 20mg/kg, max. 2.4g/d; Saft: 3 x 17mg/kg, max. 2.8g/d; **DANI** nicht erforderl.; **DALI** mittelschwer: max. 2 x 450mg/d; schwer: 2 x 300mg/d
Atazanavir (AZV) Rp	HWZ 8,6 h, PPB 86%, RCB, Lact -
Reyataz *Kps. 150, 200mg*	**HIV-Inf.:** 1 x 300mg p.o., Komb. m. 1 x 100mg Ritonavir; **DANI:** nicht erforderl.
Darunavir Rp	HWZ 15h, PPB 95%, PRC B, Lact -
Prezista *Tbl. 300mg*	**HIV-Inf.:** 2 x 600mg p.o., Komb. m. 2 x 100mg Ritonavir; **DANI** nicht erforderl.; **DALI** Child C: KI
Fosamprenavir (FPV) Rp	HWZ 15-23h, PPB 90%, PRC C, Lact -
Telzir *Tbl. 700mg; Susp. (5ml = 250mg)*	**HIV-Inf.:** 2 x 700mg p.o., Komb. m. 2 x 100mg Ritonavir; **Ki. 25-39kg:** 2 x 18mg/kg + 2 x 3mg/kg Ritonavir; **DANI:** nicht erforderl.; **DALI** Child-Pugh <7: 100%; 7-9: 2 x 450mg + 2 x 100mg Ritonavir; >9: KI
Indinavir (IDV) Rp	HWZ 1.5-2h, Q0 0.8, PPB 40%, PRC C, Lact -
Crixivan *Kps. 200, 400mg*	**HIV-Inf.:** 3 x 800mg p.o.; **Ki. 4-17J.:** 3 x 500mg/m^2 KOF; **DALI** leicht-mittel: 3 x 600mg
Lopinavir + Ritonavir Rp	
Kaletra *Tbl. 200+50mg; Saft (5ml = 400+100mg)*	**HIV-Inf.:** 2 x 2 Tbl. p.o.; 2 x 5ml p.o.; **Ki.** > **2J.:** 2 x 230 (max.400)+ 57 (max.100)mg/m^2 KOF; **DANI** nicht erforderl.; **DALI** KI bei schwerer LI
Ritonavir (RTV) Rp	HWZ 3-3.5h, Q0 0.7, PPB 99%, PRC B, Lact ?
Norvir *Kps. 100mg; Saft (7.5ml = 600mg)*	**HIV-Inf.:** 2 x 600mg p.o.; **Ki.** < **2J.:** 2 x 250-350mg/m^2 KOF; **DALI** KI bei schwerer LI
Saquinavir (SQV) Rp	HWZ 13h, Q0 >0.95, PPB 97%, PRC B Lact ?
Invirase *Kps. 500mg; Tbl. 500mg*	**HIV-Inf.:** 2 x 1g p.o., Komb. mit 2 x 100mg Ritonavir; **DANI** nicht erforderl.; **DALI** KI bei schwerer LI
Tipranavir (TPV) Rp	HWZ 5-6h, PPB 99%, PRC C Lact -
Aptivus *Kps. 250mg*	**HIV-Inf.:** 2 x 500mg p.o., Komb. mit Ritonavir 2 x 200mg; **DANI** nicht erforderl.; **DALI** Child B, C: KI

3.18.7 Sonstige antivirale Mittel

Wm/Wi (Enfuvirtid): Hemmung viraler u. zellulärer Membranen-Fusion ⇒ Hemmung des Eintritts von HIV-1 in menschl. Zellen
Wm/Wi (Maraviroc): bindet selektiv an den Chemokin-Rezeptor CCR5 beim Menschen e Hemmung des HIV-Eindringens in die Zielzellen
Wm/Wi (Raltegravir): Hemmung der viralen Integrase => Hemmung der Integration des HIV-Genoms in das Wirtszellgenom
Wm (Ribavirin): Guanosinanalogon, Hemmung der RNA-Polymerase
UW (Enfuvirtid): Diarrhoe, Übelkeit, Müdigkeit, Pneumonie, Pankreatitis, Hautreaktion Einstichstelle
UW (Maraviroc): Leberenzymerhöhung, Gewichtsverlust, Schwindel, Parästhesien, Geschmacksstörung, Schläfrigkeit, Übelkeit, Husten, Erbrechen, Bauchschmerzen, Dyspepsie, Exanthem, Juckreiz, Muskelkrämpfe, Rückenschmerzen, Myokardischämie, Panzytopenie
UW (Raltegravir): Schwindel, Bauchschmerzen, Obstipation, Flatulenz, Pruritus, Lipodystrophie, Hyperhidrose, Arthralgie, Müdigkeit, Schwächegefühl
KI (Enfuvirtid): bek. Überempfindlichkeit
KI (Maraviroc): bek. Überempfindlichkeit
KI (Raltegravir): bek. Überempfindlichkeit
Ink (Ribavirin): Zidovudin

Enfuvirtid (T20) Rp	HWZ 3.8h, PPB 92%, PRC B, Lact -
Fuzeon *Inj.Lsg. 90mg/1ml*	**HIV-1-Inf.**: 2 x 90mg s.c.; **Ki.** 6-16J.: 2 x 6mg/kg s.c., max. 2 x 90mg; **DANI** nicht erforderl.
Maraviroc (MVC) Rp	HWZ 13h, PPB 76%, PRC B, Lact -
Celsentri *Tbl. 150, 300mg*	**HIV-1-Inf.:** 2 x 150-600mg p.o.; Dosis u. **DANI** abhängig von Co-Medikation (CYP3A4-Hemmer/Induktor) s. FachInfo; **DALI** vorsichtige Anw.
Raltegravir Rp	HWZ 9 h; PPB 83%; PRC C Lact -
Isentress *Tbl. 400mg*	**HIV-1-Inf.:** 2 x 400mg p.o.; **DANI:** nicht erforderl.; **DALI:** vorsichtige Anw. bei schwerer LI
Ribavirin Rp	HWZ 9.5h (Inhal.), 79h (p.o.), Q0 0.6, PRC X, Lact ?
Copegus *Tbl. 200, 400mg* **Rebetol** *Kps. 200mg; Saft (5ml = 200mg)* **Virazole** *Inhal.Lsg. 6g*	**Chron. Hepatitis C** (in Komb. m. Interferon): bis 75kg: 400-0-600mg p.o.; > 75kg: 2 x 600mg; **DANI** GFR < 50: KI; **DALI** nicht erforderl. **Respiratory Syncytial V.-Inf.:** kontin. Inhal. 3-7d

3.19 Antimykotika zur systemischen Anwendung

3.19.1 Azole

empf. (Fluconazol): Candida-Arten (außer C. krusei, C. glabrata), Cryptococcus, Histoplasma, Trichosporon, Dermatophyten, Blastomyces; keine Aktivität gg. Schimmelpilze; **empf**.(Itraconazol): Candida, Cryptococcus, Coccidioides , Histoplasma, Aspergillus, Cladosporium, Dermatophyten; **empf**. (Posaconazol): alle Aspergillus spezies, Zygomyceten, Fusarium spezies; **empf**. (Voriconazol): Candida-Arten, Trichosporon, Cryptococcus, Coccidioides, Histoplasma,einige Aspergillus spezies, eingeschränkt bei Scedosporium, Fusarium
UW (Fluconazol): Nausea, Bauchschmerzen, Diarrhoe, Exantheme, Kopfschmerzen, periphere Neuropathie, Veränderung von Leberfunktionswerten; **UW** (Itraconazol): Bauchschmerzen, Übelkeit, Dyspepsie, schlechter Geschmack; **UW** (Posaconazol): Neutropenie, Anorexie, Schlaflosigkeit, Schwindel, Kopfschmerzen, Parästhesien, Somnolenz, Hitzewallungen, Bauchschmerzen, Diarrhoe, Übelkeit, Erbrechen, Exanthem, Pruritus, Rückenschmerzen, Asthenie, Müdigkeit, Fieber; **UW** (Voriconazol): Fieber, Kopf-, Bauchschmerzen, Übelkeit, Erbrechen, Durchfall, Panzytopenie, Ödeme, Exanthem, Sehstrg., akutes Nierenversagen; Halluzinationen, erhöhte Leberwerte; **KI** (Fluconazol): schwere Leberfunktionsstrg., SS/SZ; Anw.Beschr. bei Kindern; **KI** (Itraconazol): Niereninsuff. GFR <30, SS/SZ
KI (Posaconazol): bek. Überempf; gleichzeitige Anw. von Mutterkornalkaloiden, Terfenadin, Astemizol, Pimozid, Halofantrin, Chinidin, Simvastatin, Lovastatin, Atorvastatin
KI (Voriconazol): bek. Überempfindl. gleichzeitige Anw. von Terfenadin, Astemizol, Pimozid, Chinidin, Rifampicin, Carbamazepin, Phenobarbital, hochdos. Ritonavir, Mutterkornalkaloide, Sirolimus, Johanniskraut; **Ink**: Carbamazepin, CSE-Inhib., Grapefruitsaft, Phenobarbital, Primidon, Rifabutin, Rifampicin, Terfenadin; **Ink** (Itraconazol): Cisaprid, Midazolam,Ciclosporin, Phenytoin, Rifampicin; **Ink** (Ketoconazol): Methylprednisolon, H2-Blocker, Phenytoin, Protonenpumpenblocker; **Ink** (Posaconazol): Mutterkornalkaloide, Pimozid, Chinidin; **Ink** (Voriconazol): Barbiturate, Chinin, Pimozid

Fluconazol Rp	HWZ 30h, Q0 0.2, PPB 11%, PRC C, Lact -
Canifug Fluco *Kps. 150mg* **Diflucan** *Kps. 50, 100, 200mg; Saft (10ml = 50mg); Trockensaft (5ml = 50mg); Inf.Lsg. 100, 200, 400mg* **Fluconazol Deltaselect** *Inf. Lsg. 100mg/50ml, 200mg/100ml, 400mg/200ml* **Fluconazol HEXAL** *Kps. 50, 100, 150, 200mg; Inf.Lsg. 2mg/1ml* **Flucobeta** *Kps. 50, 100, 150, 200mg* **Fluconazol-ratioph.** *Kps. 50, 100, 150, 200mg; Inf. Lsg. 100mg/50ml, 200mg/100ml, 400mg/200ml* **Flunazul** *Kps. 50, 100, 150, 200mg* **Fungata** *Kps. 150mg*	**Schleimhautkandidosen (Soor), Vaginalmykose:** 1 x 50-100mg p.o.; **Ki. > 1M.:** 1 x 3mg/kg p.o.; **Systemkandidosen, Kryptokokkenmeningitis:** d1: 1 x 400mg, dann 1 x 400-800mg p.o/i.v. **Ki. > 1M.:** 1 x 6-12mg/kg p.o./i.v.; **DANI** GFR: > 50: 100%; 11-50: 50%; HD: 100% n. jd. Dialyse
Itraconazol Rp	HWZ 24-36h, Q0 1.0, PPB >95%, PRC C, Lact ?
Canifug Itra *Kps. 100mg* **Itracol** *Kps. 100mg* **Itraconazol-ratioph.** *Kps. 100mg* **Sempera** *Kps. 100mg; Saft (1ml = 10mg);* **Siros** *Kps. 100mg*	**Dermatomykosen, Systemmykosen, Aspergillose:** 1-2 x 100-200mg p.o. (Saft wird deutlich besser resobiert); **invasive Mycose:** 2 x 200 mg (für 2-5 Mo); **DANI** GFR <30: KI
Ketoconazol Rp	HWZ 8h, Q0 1.0, PPB 85-100%, PRC C, Lact ?
Nizoral *Tbl. 200mg*	**Dermatomykosen, Systemmykosen:** 1 x 200mg p.o.; **Ki. > 2J.:** 1 x 2.5-5mg/kg

Posaconazol Rp	HWZ 35h, PPB 98%
Noxafil *Saft (5ml = 200mg)*	**Systemkandidose, Aspergillose, Fusariose, Myzetom, Chromoblastom-, Kokzidioidomykose:** 2 x 400mg p.o., bei Pat. ohne enterale Ernährung 4 x 200mg; **PRO invasiver Mykosen:** 3 x 200mg; **DANI** nicht erforderl.; **DALI:** keine Daten

Voriconazol Rp	HWZ 6h, PPB ca. 58%, PRC D, Lact -
VFEND *Tbl. 50, 200mg; Trockensaft (1ml = 40mg); Inf.Lsg. 200mg*	**Invasive Aspergillose, Candidämie, schwere Candida-Inf.** (Fluconazol-resistent), **Pilzinf.** (Scedosporium, Fusarium spp.) : d1: 2 x 6mg/kg i.v.; 2 x 400mg p.o.; ab d2: 2 x 4mg/kg i.v.; 2 x 200mg p.o.; **Pat. < 40kg**: d1: 2 x 200mg p.o., ab d2: 2 x 100mg; **Ki. 2-12J.:** 2 x 7mg/kg i.v., 2 x 200mg p.o.; **DANI** möglichst orale Anw.; **DALI** Child A, B: d1: 100%, ab d2: 50%; Child C: nicht empf.

3.19.2 Polyene

empf. (Amphotericin B): Candida-Arten, Cryptococcus, Aspergillus, Histoplasma, Sporothrix, Blastomyces, Coccidioides
UW (Amphotericin B): Fieber, Schüttelfrost, Nausea, Erbrechen, Diarrhoe, generalisierte Schmerzzustände, Anämie, Nierenfunktionsstrg., Hypokaliämie
KI (Amphotericin B): schwere Leber-, Nierenfunktionsstörung; Cave in SS/SZ
Ink (Amphotericin B): Aminoglykoside, Ciclosporin

Amphotericin B Rp	HWZ 24h (15d), Q0 0.95, PPB 90-95%, PRC B Lact ?
Ampho-Moronal *Tbl. 100mg; Lutschtbl. 10mg; Susp. (1ml = 100mg)* **Amphotericin B** *Inf.Lsg. 50mg*	**Soor:** Susp., Lutschtbl.: 4 x 100mg p.o.; **systemische Mykosen:** ini 0.1mg/kg i.v., dann: 1 x 0.5-0.7mg/kg i.v., max. 1mg/kg; **Ki.:** 1-2g/d, max. 0.25mg/kg/d i.v.; **DANI** nicht erforderl.

Amphotericin B liposomal Rp	HWZ 7-153h, Q0 0.95, PRC B Lact ?
Abelcet *Inf.Lsg. 100mg/20ml* **AmBisome** *Inf.Lsg. 50mg*	**Schwere syst. Mykosen:** ini 1 x 1mg/kg i.v., steigern bis 3-5mg/kg; **Ki.:** s. Erw.; **DANI, DALI** KI bei schwerer NI, LI

3.19.3 Echinocandine

empf. (Anidulafungin): Candida
empf. (Caspofungin): Aspergillus, Candida
UW (Anidulafungin): Hautrötung, Hitzewallungen, Pruritus, Exanthem, Hypokaliämie, Diarrhoe, Anstieg von Transaminasen, aP, Bili
UW (Caspofungin): Fieber, lokale Phlebitis, Übelkeit, Erbrechen, Flush, Exanthem, Kopfschmerzen, Anämie, Thrombopenie, Leukopenie, Leberenzymem
KI (Anidulafungin): bek. Überempf. bzw. Überempf. gegen Echinocandine
KI (Caspofungin): bek. Überempf.

Anidulafungin Rp	HWZ 40-50h, PPB 99%, PRC C, Lact ?
Ecalta *Inf.Lsg. 100mg*	**Invasive Candidiasis nicht-neutropenische Pat.:** d1 1 x 200mg i.v., dann 1 x 100mg f. 14d; **DANI, DALI** nicht erforderl.

Caspofungin Rp	HWZ 9-11 h, PPB 93-96%, PRC C, Lact ?
Cancidas *Inf.Lsg. 50, 70mg*	**Invasive Aspergillose/Candidiasis**: d1 1 x 70mg i.v., dann 1 x 50mg, >80kg 1 x 70mg; **DANI** nicht erforderl.; **DALI** Child 7-9: d1: 70mg, dann 1 x 35mg/d

3.19.4 Sonstige

empf. (Flucytosin): Candida, Cryptococcus, Aspergillus (nur fungistatisch)
UW (Flucytosin): BB-Veränderungen, Leberenzymem, Schwindel
KI (Flucytosin): SS, Anw.Beschr. b. Niereninsuff., Leberschädigung, KM-Depression

Flucytosin Rp	HWZ 3-8 h, Q0 0.03, PPB 5%, PRC C, Lact ?
Ancotil *Inf.Lsg. 2.5g/250ml*	**Schwere Systemkandidose**: 100-150mg/kg i.v. in 4 Einzeldosen i. Komb. m. Amphotericin B (0.5mg/kg/d); Früh-,Neugeb.: 50-100mg/kg/d in 2 ED; **Krytokokkenmeningitis:** 100mg/kg/d + 0.7-1mg/kg/d Amphotricin B; **Chromoblastomykose:** 70-100mg/kg/d i.v. in 4 ED + 50mg Amphotericin B; **DANI** GFR 20-40: Dos.Intervall 12h; 10-19: Dos.Intervall 24h; HD: 50mg/kg n. jd. Dialyse
Griseofulvin Rp	HWZ 22 h, Q0 1.0, PPB 80%, PRC C
Griseo ct *Tbl. 125, 500mg* **Likuden M** *Tbl. 500mg* **Fulcin S** *Tbl. 500mg*	**Dermatophyteninfektion:** 1-4 x 125-500mg p.o. (Wirkungseintritt erst nach Wochen!) **Ki. 2-14J.:** 10-15mg/kg/d p.o. in 1-4 Einzeldosen; **DANI** nicht erforderl.; **DALI** KI bei schwerer LI
Terbinafin Rp	HWZ 17 h, Q0 1.0, PPB 99%, PRC B, Lact -
Amiada *Tbl. 250mg* **Dermatin** *Tbl. 250mg* **Lamisil** *Tbl. 250mg* **Myconormin** *Tbl. 250mg* **Octosan** *Tbl. 250mg* **Onymax** *Tbl. 250mg* **Terbinafin HEXAL** *Tbl. 125, 250mg* **Terbinafin Sandoz** *Tbl. 125, 250mg*	**Schwere Dermatophyteninfektion:** 1 x 250mg p.o.; **DANI** GFR < 50: 50%; **DALI** Anw. nicht empfohlen bei schwerer Leberfunktionsstrg.

3.20 Antimykotika zur topischen Anwendung

empf. (Amphotericin B): Candida, Aspergillus fumigatus; **empf.** (Natamycin): Candida
empf. (Nystatin): Candida, Blastomyces, Coccidioides, Histoplasma, Aspergillus
UW (Amphotericin B): allerg. Hautreaktionen, Glossitis, Übelkeit, Erbrechen, Diarrhoe;
UW (Nystatin): bei hoher Dos. Brechreiz; **KI** (Amphotericin B): bek. Überempfindlichkeit

Amphotericin B Rp	
Ampho-Moronal *Lutschtbl. 10mg; Susp. (1ml = 100mg)*	**Mundsoor:** 4 x 1Tbl. bzw. 4 x 1ml p.o. 2-3d über das Verschwinden der sichtbaren Symptome hinaus
Natamycin Rp	
Pimafucin *Lutschtbl. 10mg*	**Mundsoor:** 4-6 x 10mg p.o.

Nystatin OTC	PRC C, Lact ?
Adiclair *Tbl. 500000 IE; Susp. (1ml = 100.000 I.E.); Mundgel (1g = 100000 IE)* **Biofanal** *Tbl. 500000 IE; Susp. (1ml = 100.000 I.E.); Mundgel (1g = 100000 IE)* **Moronal** *Tbl. 500000 IE; Susp. (1ml = 100000 IE)* **Mykundex** *Tbl. 500000 I.E.; Susp. (1ml = 100.000 I.E.)* **Nystatin Stada** *Tbl. 500000 IE*	**Candida-Inf.:** Mundhöhle: 4-6 x 100000 IE p.o.; Magen-Darm-Trakt: 3 x 1-2Tbl.; **Ki.:** s. Erw.; **DANI** nicht erforderl.

3.21 Anthelminthika

Albendazol Rp	HWZ 8h, PRC C, Lact ?
Eskazole *Tbl. 400mg*	**Echinokokkose:** 2 x 400mg p.o. f. 28d, dann 14d Pause, 2-3 Zyklen; **Trichinose:** 2x400mg f. 6d; **Strongyloidiasis:** 400-800mg/d f. 3d; Pat. < 60kg: 15mg/kg/d in 2 Einzeldosen

Mebendazol Rp	HWZ 2-8h, Q0 0.95, PRC C, Lact ?
Surfont *Tbl. 100mg* **Vermox** *Tbl. 100, 500mg*	**Enterobiasis:** 1 x 100mg p.o. f. 3d, Wh. n. 2 u. 4W.; **Askariasis, Ankylostomiasis:** 2 x 100mg f. 3d; **Trichuriasis:** 2 x 100mg f. 4d; **Taeniasis, Strongyloidiasis:** 2 x 300mg f. 3d; **Ki.:** s. Erw., max. 2 x 100mg; **Trichinose:** d1: 3 x 250mg, d2: 4 x 250mg, d3-14: 3 x 500mg; **Echinokok.:** d1-3: 2 x 500mg, d4-6: 3 x 500mg, dann 3 x 500-1500mg

Niclosamid OTC	
Yomesan *Tbl. 500mg*	**Taeniasis, Fischbandwurm:** 1 x 2g p.o.; **Ki. 2-6J.:** 1 x 1g; < **2J.:** 1 x 0.5g; **Zwergbandwurm:** d1: 1 x 2g, d2-7: 1 x 1g; **Ki. 2-6J.:** d1: 1 x 1g, d2-7: 1 x 0.5g; < **2J.:** d1: 1 x 0.5g, d2-7: 1 x 250mg; **DANI** n. erforderl.

Praziquantel Rp	HWZ 1-2.5 (4)h, Q0 0.8, PPB 85%, PRC B
Biltricide *Tbl. 600mg* **Cesol** *Tbl. 150mg* **Cysticide** *Tbl. 500mg*	**Schistosomiasis:** 40-60mg/kg p.o. in 2-3 ED f. 1d; **Leber- u. Lungenegel:** 75mg/kg in 3 ED f. 2-3d; **Neurozystizerkose:** 50mg/kg in 3 Einzeldosen f. 15d; **Taeniasis:** 1 x 5-10mg/kg; **Fischbandwurm:** 1 x 10mg/kg; **Zwergbandwurm:** 15-25mg/kg, evtl. Wh. n. 10d

Pyrantel OTC	HWZ 26h PRC C, Lact ?
Helmex *Kautbl. 250mg; Saft (5ml = 250mg)*	**Enterobiasis, Ascariasis, Ancylostomiasis:** 1 x 10mg/kg p.o., max. 1g; **Hakenwurm:** 20mg/kg f. 2d; **DALI** KI bei vorbestehender Leberschädigung

Pyrvinium OTC	PRC B
Molevac *Tbl. 50mg; Saft (5ml = 50mg)* **Pyrcon** *Saft (5ml = 50mg)*	**Enterobiasis:** 1 x 5mg/kg p.o., max. 400mg; **DANI, DALI** KI

3.22 Antimalariamittel

UW (Artemether+Lumef.): abdomin. Schmerzen, Anorexie, Diarrhoe, Übelkeit, Kopfschmerzen, Schwindel, Pruritus, Exanthem, Husten, Palpitationen, Arthralgie, Myalgie, Asthenie, Müdigkeit; **UW** (Chinin): Kopfschmerz, Schwindel, Tinnitus, BB-Veränderung, Hämolyse, Erregungsleitungsstrg.; **UW** (Chloroquin): Hornhauttrübung, Retinopathia pigmentosa, Exantheme; **UW** (Mefloquin): GI-, ZNS-, Rhythmusstrg., Psychosen, Leuko-/Thrombopenie; **UW** (Proguanil): GI-Strg., Mundulzera, Haarausfall; **KI** (Artemether+Lumef.): kompliz. Malaria, Herzerkrankung, QT-Verlängerung, SZ; **KI** (Chinin): G-6-PDH-Mangel, Myasthenia gravis; **KI** (Chloroquin): Retinopathie, G-6-PDH-Mangel, SS/SZ; **KI** (Mefloquin): SS/SZ, Psychosen, Kardiomyopathie, Epilepsie; **KI** (Proguanil): schwere Nierenfkt.strg.; **Ink**: Amiodaron, Flecainid, Chinidin, Sotalol, Terfenadin; **Ink** (Artemether+Lumef.): zahlr. Med. (s. Pck.Beil.); **Ink** (Chinin): Amilorid, Cimetidin, Moxifloxacin, Ritonavir, Verapamil, Voriconazol

Artemether + Lumefantrin Rp	HWZ (A/L) 2 h/2-6 d
Riamet *Tbl. 20+120mg*	**Unkompl. Malaria tropica Th.:** ini 4 Tbl., Wh. nach 8, 24, 36, 48, 60h; **Ki. 5-15kg:** s. Erw. mit je 1 Tbl.; **15-25kg:** je 2 Tbl.; **25-35kg:** je 3 Tbl.
Chinin Rp	HWZ 8-12h, Q0 0.85, PPB ca. 70%
Chininum dihydrochloricum *Int. Apotheke* **Chininum hydrochloricum** *Tbl. 250mg*	**Kompl. Malaria tropica Th.:** ini 20mg/kg über 4h i.v., dann: 3x10mg/kg; dann 1.25g/d p.o.; 3x500mg/d p.o.
Chloroquinphosphat Rp	HWZ 30-60 d, Q0 0.3, PPB 50-60%, PRC C, Lact +
Resochin *Tbl. 81, 250mg; Amp. 250mg* **Weimerquin** *Tbl. 250, 500mg*	**Malaria Pro.:** 1x/W. 8mg/kg p.o., 1W. vor bis 4W. nach Exposition; **Malaria Th.:** ini 16mg/kg p.o., nach 6h 8mg/kg, dann 1 x 8mg/kg f. 2-3d; ini 16mg/kg über 4h i.v., dann 8mg/kg über 4h alle 12h bis Ges.Dos. von 40-50mg/kg; **Ki.:** s. Erw.
Doxycyclin Rp →78	HWZ 12-24h, Q0 0.7, PPB 80-90%, PRC D, Lact ?
Antodox *Kps. 100, 200mg* **Doxycyclin-ratioph.** *Kps. 100mg; Amp. 100mg/5ml* **DoxyHEXAL** *Tbl. 100, 200mg; Amp. 100mg/5ml*	**Malaria Pro.:** 100mg/d; 1d vor bis 4 W. nach Exposition
Mefloquin Rp	HWZ 13-30 d, Q0 0.9, PPB 98%, PRC C, Lact ?
Lariam *Tbl. 250mg*	**Malaria tropica Pro.:** 1x/W. 250mg p.o., 1W. vor bis 4W. n. Exposition; **Ki.** > **5kg:** 1 x/W. 5mg/kg; **Malaria Th.:** ini 750mg p.o., n. 6h 500mg, nach 12h 250mg; **Ki.** > **5kg:** 20-25mg/kg Ges.Dos. in 2-3 ED
Primaquin Int. Apotheke	HWZ 4-7h, PRC C, Lact ?
Primaquine *Tbl. 15mg*	**Malaria tertiana Nachbeh.:** 1 x 15mg p.o. für 14d
Proguanil Rp	HWZ 20h, Q0 0.7, PPB 75%, PRC B
Paludrine *Tbl. 100mg*	**Malaria Pro.:** 1 x 200mg p.o. (Komb. mit Chloroquin); **Ki** < **1J:** 1 x 25mg; **1-4J:** 1 x 50mg; **5-8J:** 1 x 100mg; **9-14J.:** 1 x 150mg; **DANI** GFR: > 60: 100%; 20-59: 1 x 100mg; 10-19: 50mg alle 2d; < 10: 1x/W. 50mg
Proguanil + Atovaquon Rp	
Malarone *100+250mg* **Malarone junior** *Tbl. 25+62.5mg,*	**Malaria Pro.**: 1-2d vor bis 7d n. **Exposition**: 1 x 100+250mg p.o.; **Ki.** 11-20kg: 1 x 25+62.5mg p.o.; 21-30kg: 1 x 50+125mg; 31-40kg: 1 x 75+187.5mg; **unkompl. Malaria trop. Th.**: 1 x 400+1000mg p.o. 3d; **Ki.** 11-20kg: 1 x 100+250mg f. 3d; 21-30kg: 1 x 200+500mg f. 3d.; 31-40kg: 1 x 300+750mg f. 3d.; **DANI** GFR > 30: 100%; < 30: KI; **DALI** nicht erforderl.

4 Anhang

4.1 Meldepflicht

Definition
Nach Infektionsschutzgesetz (IfSG) (ww.rki.de): • Namentliche Meldung: Personaldaten und Adresse des Patienten werden an das zuständige Gesundheitsamt gemeldet. • Nichtnamentliche Meldung: Es wird nur der Fall ohne Nennung von Personendaten gemeldet.
Namentliche Meldung bei Erkrankung bzw. Tod durch den feststellenden (behandelnden) Arzt nach § 6
• Botulismus, Cholera, Diphtherie, BSE, akute Virushepatitis, HUS, hämorrhagisches Fieber, Masern, Meningokokkenerkrankung, Milzbrand, Poliomyelitis, Pest, Tollwut, Typhus/Paratyphus, Tuberkulose • In speziellen Fällen, z.B. beim Ausbruch von nosokomialen Infektionen
Namentliche Meldung bei Erregernachweis durch das Labor nach § 7
Bei einer großen Zahl an Infektionserregern
Nichtnamentliche Meldung bei direktem oder indirektem Nachweis durch das Labor nach § 7
Treponema pallidum, HIV, Echinocccous, Plasmodium, Rubellavirus (bei konnataler Infektion), Toxoplasma (bei konnataler Infektion)
Meldung bzw. Dokumentation in Sonderfällen nach § 6 und § 23
Nosokomiale Häufungen und Auftreten von Keimen mit auffälligen Resistenzen

4.2 Präanalytik für Proben zur mikrobiologischen Untersuchung

- Der Aussagewert einer mikrobiologischen Untersuchung steigt mit einer sachgerechten Präanalytik (Probenwahl, Probenentnahme, Probenasservierung, korrekte Anforderung mit Informationen, Probentransport).
- Bei V.a. Infektion sollte Material in die Pathologie **und** in die Mikrobiologie geschickt werden.
- Bei der Abnahme sollte eine Kontamination mit Umweltkeimen bzw. mit Keimen der körpereigenen Flora vermieden werden.
- Abstriche sind weniger geeignet als Punktate bzw. Aspirate
- Die Menge des eingesandten Materials sollte nicht zu knapp bemessen sein
- Die Zeitspanne zwischen Abnahme und der Verarbeitung im Labor ist kritisch
- Die Transportgefäße sollten schon vor der Abnahme deutlich beschriftet werden
- Die Art der Proben, Ort und Zeit der Entnahme sollten dokumentiert sein
- Angaben über die Grundkrankheit, akute Symptome und ggf. vorausgegangene Therapie können für das Labor sehr hilfreich sein

4.2.1 Liquor cerebrospinalis

- **Gewinnung von Liquor cerebrospinalis durch aseptische Lumbalpunktion**
  - Steriles Zubehör, chirurgische Händedesinfektion, sterile Handschuhe
  - Vor der Punktion die Injektionsstelle gründlich mit einem alkoholischen Desinfektionsmittel behandeln; 60 Sekunden wirken lassen; mit einer sterilen Kompresse unter leichtem Druck abreiben; Vorgang wiederholen.
  - Die gesamte Einwirkzeit sollte mindestens 2 Minuten betragen, besser 10 Minuten (wegen talgdrüsenreicher Haut in der Schweißrinne des Rückens).
  - Die Einwirkzeit von jodhaltigen Mitteln ist deutlich länger; bei Kindern und Schwangeren dürfen diese Mittel nicht eingesetzt werden.
  - Abdecken der Punktionsstelle mit einem sterilen Lochtuch.
  - Nach der Punktion Schutz der Einstichstelle durch sterilen Verband.
  - Das Untersuchungsmaterial muss in einem sterilen Gefäß gesammelt werden.
- **Kultur von Bakterien, Pilzen**
  - Ca. 2–5 ml **umgehend** ins Labor; ggf. Blutkulturflasche od. festes Transportmedium (Portagerm) beimpfen
  - Transport: ungekühlt
- **Viruskultur** (v.a. flüssige Materialien; auch Abstriche)
  - Nicht in bakteriologisches Transportmedium geben
  - Lagerung: bei +4°C oder −70°C; Stuhl und Blut auch bei Raumtemperatur
  - Transport: gekühlt
- **PCR** (möglichst separate Probe)
  - Transport: ungekühlt; Transportzeit möglichst < 6 h
  - Lagerung: bei +4°C oder −20°C
  - **Antikörper-/Antigennachweis:** bei +4°C oder Zimmertemperatur lagern

4.2.2 Augenabstriche bzw. -punktate

- Probenentnahme möglichst vor Gabe von Lokalanästhetika (können antimikrobielle Aktivität haben)
- **Abstriche:** mit Tupfer, der in 0,9%iger NaCl-Lösung (besser: Zellkulturmedium, z.B. Hanks-Lösung) getränkt ist
- **Geschabsel:** evtl. von Kornea bzw. Konjunktiva
- **Punktion der Augenkammern bzw. des Glaskörpers:** bei Endophthalmitis
- **V.a. Gonokokken:** Material **sofort** auf Spezialnährmedien (z.B. Gonocult) überimpfen
- Transport und Lagerung: ungekühlt

4.2.3 Ohrabstriche bzw. -punktate

- Abstreichen der betroffenen Hautstellen mithilfe eines Otoskops
- Versand des Tupfers im Transportmedium
- Transport und Lagerung: ungekühlt (evtl. Beteiligung kälteempfindlicher Keime)

4.2.4 Abstriche und Sekrete aus dem Respirationstrakt

- **Kultur von Bakterien und Pilzen**
  - Abstriche aus Mund, Rachen, Pharynx, Trachea; Versand im Transportmedium
  - Transport und Lagerung: ungekühlt
- **Nachweis von Viren**
  - Spülflüssigkeit (z.B. auf Zellkulturmedium)
  - Influenza A, B: Tupfer in NaCl-Lösung
  - Transport und Lagerung: gekühlt

4.2.5 Nasenabstrich bzw. -punktat

- **MRSA-Nachweis:** beide Naseneingänge mit Tupfer abstreichen; im Transport-medium versenden (auch für PCR-Nachweis, wenn der Stab nicht aus Holz ist)
- **Bordetella-Pertussis-Nachweis**: Nasopharyngeal-Abstrich
- Transport und Lagerung: ungekühlt

4.2.6 Sputum

- Zunächst Mund mit **Wasser** spülen, um die Mundflora zu reduzieren
- Evtl. Sputumproduktion durch Inhalation mit NaCl-Lösung induzieren
- Transport: **rasch**; ungekühlt
- Lagerung: bei 4°C

4.2.7 Bronchialsekret

- **Materialgewinnung**
  - Absaugung durch Katheter
  - Bronchoskopische Absaugung und Bronchiallavage (BAL)
  - Transtracheale Aspiration
- Transport: ungekühlt
- Lagerung: bei 4°C

4.2.8 Perikard-, Pleura- und Gelenkpunktat

- **Aseptische Vorgehensweise**
  - Haube, Mund-Nasen-Schutz, chirurg. Händedesinfektion, steriler Kittel, sterile Handschuhe
  - Vor der Punktion die Injektionsstelle gründlich mit einem alkoholischen Desinfektionsmittel behandeln, 60 Sekunden wirken lassen, mit einer sterilen Kompresse unter leichtem Druck abreiben, Vorgang wiederholen.
  - Die gesamte Einwirkzeit sollte mindestens 2 Minuten betragen; bei talgdrüsenreicher Haut besser 10 Minuten Einwirkzeit.
  - Die Einwirkzeit von jodhaltigen Mitteln ist deutlich länger; bei Kindern und Schwangeren dürfen diese Mittel nicht eingesetzt werden.
  - Abdecken der Punktionsstelle mit einem sterilen Lochtuch.
  - Während der Punktion ist die Anzahl der Personen im Raum zu beschränken.
  - Nach der Punktion Schutz der Einstichstelle durch sterilen Verband.
  - Das Untersuchungsmaterial muss in einem sterilen Gefäß gesammelt werden.
  - Sachgerechte Entsorgung des benutzten Materials und der überschüssigen Proben.
- Transport: ungekühlt; bei längerer Transportzeit Blutkulturflasche beimpfen
- Lagerung: ungekühlt

4.2.9 Blut

- **Kultur von Bakterien und Pilzen**
  - Vor Beginn der Antibiotikatherapie
  - Nicht aus Kathetern
  - Die Punktionsstelle muss sorgfältig mit einem alkoholischen Desinfektions-mittel vorbehandelt werden; Einwirkzeit mindestens 30 Sekunden
  - Arterielles Blut hat keinen Vorteil gegenüber venösem Blut
  - Bei Säuglingen reichen 2 ml (hohe Keimdichte), bei Erwachsenen 10 ml Blut
  - Aufteilen und in je eine aerob und eine aerob bebrütete Flasche injizieren (die Flaschen sollten vorab auf Raumtemperatur gebracht werden)
  - > 3 Proben im mehrstündigen Abstand an einem Tag sind wenig sinnvoll
  - Wenn die antimikrobielle Therapie bereits begonnen hat: ggf. Verwendung von Flaschen mit Substanzen, die einige Antibiotika neutralisieren
  - Transport und Lagerung: ungekühlt
- **Antikörperbestimmung**
  - Aus Vollblut oder Serum
  - Transport: ungekühlt
  - Lagerung: bei + 4°C
- **PCR:** möglichst separat ca. 7 ml EDTA-Blut entnehmen (oder Plasma trennen)
  - Transport: ungekühlt; Transportzeit möglichst < 6 h
  - Lagerung: bei −18°C
- **Mikroskopischer Nachweis** (von Plasmodien und Filarien aus EDTA-Blut)
  - Transport und Lagerung: ungekühlt
- **Blutausstrich** (mikroskopischer Nachweis diverser Parasiten, z.B. Plasmodien, Trypanosomen, Filarien)
  - **Kleinen** Tropfen auf gereinigten, entfetteten Objektträger bringen; mit der Kante eines zweiten Objektträger das Blut dünn ausziehen (nicht schieben), sodass die Blutzellen nebeneinander liegen; an der Luft trocknen lassen
  - Transport und Lagerung: ungekühlt
- **Dicker Tropfen** (mikroskopischer Nachweis diverser Parasiten, z.B. Plasmodien, Trypanosomen)
  - **Kleinen** Tropfen auf einen Objektträger bringen; mit der Ecke eines zweiten Objektträgers auf 10-Cent-Stück-Größe verreiben, sodass immer noch mehrere Schichten Blutzellen übereinander liegen (meistens ist der „Dicke Tropfen" zu dick!); an der Luft trocknen lassen
  - Transport und Lagerung: ungekühlt

4.2.10 Sternalmark-/Knochenmarkpunktat

- Zum Erregernachweis bei systemischen Infektionen mit Keimen, die im RES angereichert werden (z.B. Typhus, Brucella)
- **Aseptische Vorgehensweise**
  - Händedesinfektion, sterile Handschuhe
  - Punktionsstelle sorgfältig mit einem alkoholischen Hautdesinfektionsmittel vorbehandeln; 60 Sekunden wirken lassen; mit einer sterilen Kompresse unter leichtem Druck abreiben; Vorgang wiederholen.
  - Die gesamte Einwirkzeit sollte mindestens 2 Minuten betragen.
  - Die Einwirkzeit von jodhaltigen Mitteln ist deutlich länger; bei Kindern und Schwangeren dürfen diese Mittel nicht eingesetzt werden:
- **Kultur**
  - Biopsiematerial **sofort** in Blutkulturflaschen geben
  - Transport und Lagerung: vorübergehend ungekühlt
- **V.a. Trypanosomen (Schlafkrankheit) und Plasmodien (Malaria)**
  - Mark (nach Rücksprache mit dem Labor) auf einen Objektträger ausstreichen

4.2.11 Spitzen von intravasalen Kathetern

- Katheterspitze mit steriler Schere abschneiden; in Röhrchen mit Nährlösung geben
- Transport und Lagerung: ungekühlt

4.2.12 Biopsiematerial

- Bei der Punktion steriler Kompartimente immer aseptisches Vorgehen
- Gewonnenes Material muss in ein steriles Gefäß eingebracht werden
- Bei Austrocknungsgefahr in sterile 0,9%ige NaCl-Lsg. geben (nicht in Formalin-Lsg.)
- Transport und Lagerung: ungekühlt; bei längerer Lagerzeit (bzw. wenn mehrere Probenstücke existieren) ggf. bei –70°C einfrieren

4.2.13 Duodenalsaft, Galle

- Materialgewinnung durch Duodenalsonde (ohne Stimulierung oder nach Stimulierung durch Choleretikum); z.B. in eine Urinmonovette aufnehmen
- **Kultur von Bakterien und Pilzen**
  - Transport: ungekühlt
  - Lagerung: bei +4°C
- **Mikroskopie** (Nachweis vegetativer Lamblien)
  Transport und Lagerung: ungekühlt

4.2.14 Stuhl

- Stuhl in sauberes Gefäß absetzen lassen; mit Plastiklöffel eine Probe in steriles Röhrchen einfüllen (etwa halbvoll)
- Ggf. an 3 konsekutiven Tagen; > 3 Proben pro Tag sind wenig sinnvoll
- Transport: bei Raumtemperatur; bei V.a. Amöben nicht auskühlen lassen
- Lagerung: bei 4°C

4.2.15 Rektalschleimhaut

- Bei V.a. Amöben Abstriche von schleimigen Stellen und ggf. Schleimhautfetzen
- Lagerung und Transport: nicht auskühlen lassen

4.2.16 First void urine (1. Portion des Morgenurins)

- **PCR-Nachweis von Chlamydien in der Urethra:** morgens die erste Portion des Urins (enthält am meisten abgeschilferte Epithelzellen, die ggf. infiziert sind) auffangen und in eine Urinmonovette füllen
- Transport und Lagerung: bei 4°C

4.2.17 Mittelstrahlurin

- Das äußere Genitale zuvor mit Wasser und Seife reinigen
- Erste Portion des Morgenurins verwerfen, die nächste Portion z.B. in einer Urinmonovette sammeln (5–10ml reichen für eine bakteriologische Untersuchung)
- Lagerung und Transport: bei 4°C
- **Eintauchverfahren** (empfehlenswert, wenn keine rasche Verarbeitung möglich):
  - Mit verschiedenen kommerziellen Kits möglich (z.B. Uricult)
  - Auf einem Träger sind mehrere Agarnährböden aufgetragen; Träger kurz in Urin eintauchen, anschließend wieder in das Gefäß zurückstecken u. verschrauben; das Gefäß wird beschriftet und entweder direkt bei 37°C für 24 h bebrütet oder ins Labor geschickt
  - Anzahl der Kolonien auf dem Agar = semiquantitatives Maß für die Keimmenge

4.2.18 Katheterurin

- Eine Katheterisierung der Blase nur für eine mikrobiologische Untersuchung ist nicht generell indiz. (⇒ mögliche Verschleppung von Keimen aus der Harnröhre in die Blase)
- Bei liegendem Dauerkatheter das Untersuchungsmaterial nicht aus dem Harnbeutel, sondern aus dem proximalen Abschnitt entnehmen

4.2.19 Blasenpunktionsurin

- Zur Abklärung fraglicher Befunde, da keine Kontamination mit äußeren Keimen
- Vor der suprapubischen Punktion der gefüllten Blase: Haare entfernen, Haut sorgfältig mit einem alkoholischen Desinfektionsmittel desinfizieren (Einwirkzeit mindest. 2 min)
- Probe sollte entweder mit dem Eintauchverfahren (→ S. 106) untersucht oder in einer Urinmonovette verschickt werden
  - Transport: ungekühlt
  - Lagerung: vorübergehend bei 4°C

4.2.20 Urethralabstrich

- **Untersuchung auf Trichomonaden, Gonokokken, Chlamydien:** Entnahme des Materials am besten morgens vor dem Wasserlassen; nach Desinfektion des Orificiums mit Seife u. Wasser Tupfer ca. 2 cm tief einführen und drehen; dann je nach Untersuchung
  - **Nachweis von Trichomonaden:** Material sofort auf Objektträger auftragen, Deckglas auflegen u. das Nativpräparat im Mikroskop bei 40er Objektivvergrößerung auf zappelnde Einzelzellen untersuchen
  - **Nachweis von Gonokokken:** dir. Beimpfung eines geeigneten Mediums (z.B. Gonocult)
  - **Nachweis von Chlamydien mittels PCR:** Tupfer **sofort** in ein spezielles Medium (z.B. Fa. Roche Diagnostics) ausdrücken, das im Labor untersucht wird
  - **Kultur von Mycoplasma, Ureaplasma:** spezielles Tranportsmedium verwenden
- Transport und Lagerung: ungekühlt

4.2.21 Ejakulat

- Material direkt in Versandgefäß einbringen
- Lagerung und Transport: ungekühlt

4.2.22 Vaginalabstrich

- Abstrich, am besten unter Sicht, dann je nach Untersuchung:
  - **Nativpräparat:** Tupfer sofort auf einem Objektträger ausstreichen, Deckglas auflegen und das Nativpräparat im Mikroskop bei einer 40er Objektiv-Vergrößerung auf stark bewegliche Trichomonaden und Sprosspilze (in runder Blastosporenform oder filamentös) untersuchen
  - **Kultur von Bakterien und Pilzen:** Tupfer in ein Transportmedium stecken
- Transport und Lagerung: ungekühlt

4.2.23 Zervixabstrich

- Entnahme unter Sicht; die Portio mit einem Wattetupfer trocknen, dann einen sterilen Abstrichtupfer ca. 1 cm in den Zervikalkanal einführen, dann je nach Untersuchung:
  - **Nachweis von Trichomonaden:** Material sofort auf einen Objektträger auftragen, Deckglas auflegen und das Nativpräparat im Mikroskop bei einer 40er Objektivvergrößerung auf zappelnde Einzelzellen untersuchen
  - **Nachweis von Gonokokken:** dir. Beimpfung eines geeigneten Mediums (z.B. Gonocult)
  - **Nachweis von Chlamydien mittels PCR:** Tupfer **sofort** in ein spezielles Medium (z.B. Fa. Roche Diagnostics) ausdrücken, das im Labor untersucht wird (zur Not trockene Wattetupfer auf Holzstäbchen verwenden)
  - **Kultur von Mycoplasma, Ureaplasma:** spezielles Tranportsmedium verwenden
- Transport und Lagerung: ungekühlt

4.2.24 Hautabstrich

- Ggf. Salbenreste entfernen (nicht mit Desinfektionsmittel)
- Hautabstriche mit Tupfer, Hautschuppen mit Skalpell oder scharfem Löffel am progressiven Rand der Läsion entnehmen
- Transport und Lagerung ungekühlt

4.2.25 Wundabstriche

- Ggf. Salbenreste entfernen
- Bei starker Wundsekretbildung: mit einem sterilen Abstrichtupfer am Wundrand Material entnehmen, besser wären Aspiration oder sogar eine Exzision
- Lagerung und Transport: ungekühlt
- Ggf. bei Dringlichkeit eine **sofortige** mikroskopische Untersuchung anfordern (cito!)

4.2.26 Abszesse

- Aspiration des Probenmaterials mit einer Spritze nach sorgfältiger Desinfektion der Punktionsstelle mit alkoholischem oder jodhaltigem Hautdesinfektionsmittel; das Material in der Spritze belassen
- Lagerung und Transport: ungekühlt
- **Nachweis von Anaerobiern:** Material **rasch** verarbeiten
- Punktion ist besser als Abstrich (mehr Material wird gewonnen)

4.2.27 Hautbläschen

- **HSV-Nachweis mittels PCR:** trockenen Wattetupfer auf Holzstäbchen (manche Plastikstäbchen inhibieren die Reaktion) z.B. in einer Urinmonovette, einschicken
- **Kultur von Bakterien:** Abstrichtupfer in ein Transportmedium stecken oder besser Pustelinhalt mit Spritze entnehmen und Flüssigkeit einschicken
- Lagerung und Transport: ungekühlt

4.2.28 Personalschutz

Impfungen, Schutzkleidung, Mundschutz, Brille, Handschuhe, keinen Schmuck oder Uhren tragen

4.2.29 Postalische Bestimmungen für den Versand von Untersuchungsmaterialien

- Der Postversand von ansteckungsgefährlichen Stoffen unterliegt den Bestimmungen des Transports von Gefahrgut
- Freigestellt sind nur Materialien, von denen eine minimale Gefahr ausgeht, z.B. Materialien für einen Schwangerschaftest, Blut- und Urinproben zur Blutzuckerbestimmung etc. (sofern sie in einer Dreifachverpackung verschickt werden, die gekennzeichnet ist = Verpackungsnorm P650)
- Für die Versendung von mikrobiologischen Kulturen gelten gesonderte Vorschriften (Verpackungsnorm P620)
- Im Detail in: Dt. Ärzteblatt 104, Heft 46, 16. Nov. 2007; www.bundesaerztekammer.de.
- Auch der technische Ablauf eines Probentransports innerhalb eines Klinikums durch einen eigenen Kurierdienst (z.B. Hol- und Bringdienst) ist geregelt
- Verantwortlich für den ordnungsgemäßen Versand der Proben ist der Absender.

4.3 Impfungen

4.3.1 Passive Impfung

Definition

- Übertragung humoraler Immunität durch Antikörper von immunen Spendern (Menschen = homolog, Tiere = heterolog)
- Normale Gamma-Globuline enthalten durchschnittliche Mengen an spezifischen Antikörpern, Hyperimmunglobuline stammen von selektierten Spendern mit nachgewiesener Antikörpermenge gegen ein bestimmtes Antigen
- Vorteil der pass. Impfung: Impfschutz beginnt sofort, Nachteil: Schutz hält nur wenige Mon.
- Blutpräparate und Sera haben eine hohe Virussicherheit, jedoch muss im Einzelfall mit einem Restrisiko gerechnet werden
- Es gibt nur wenige Indikationen für eine passive Immunisierung, die aktive Impfung ist, wenn möglich, vorzuziehen
- **Unerwünschte Wirkungen:** Serumkrankheit bei Verwendung tierischer Immunsera (artfremdes Eiweiß); Inkompatibilitätsreaktionen
- Konsequente Einhaltung der Kühlkette ist sehr wichtig, da die Impfstoffe bei Erwärmung an Aktivität verlieren (→ Produkte im Kühlschrank im hinteren Teil lagern)
- Injektionsmaterial kurz vor der Applikation auf Körpertemperatur erwärmen, da sonst unangenehme, schmerzhafte Reaktionen möglich sind

Hepatitis A

- Humanes Gamma-Globulin mit einer bestimmten Menge an spezifischen Antikörpern gegen Hepatitis A
- Ind.: kurz vor einer Reise in tropische/subtropische Länder mit niedrigem Hygienestandard, wenn die Zeit zur aktiven Impfung nicht mehr reicht, also < 2 Wochen (i.m.); ein Schutz besteht höchstens für 4–6 Monate

Hepatitis B

- Teures humanes Hyperimmunglobulin
- Ind.: nach Exposition (z.B. Nadelstichverletzung, Kontakt mit Prostituierten, Geburt, Lebertransplantation, manche Dialysepatienten) an nichtimmune Personen (i.v.); Gabe so früh wie möglich, spätestens innerhalb von 72 Stunden nach Exposition; ggf. Wiederholung nach 1–3 Monaten

Tollwut

- Humanes Hyperimmunglobulin
- Ind.: bei Ungeimpften nach Verletzung durch tollwütige oder tollwut-verdächtige Tiere oder nach Kontakt mit virushaltigen Ködern (simultan mit aktiver Impfung); Gabe: i.m. oder direkt um die Bissstelle herum

Zytomegalie

- Humanes Hyperimmunglobulin
- Ind.: i.v. Gabe bei nicht immunen Personen mit Abwehrschwäche zur Prophylaxe einer Zytomegalie

Varizella

- Humanes Hyperimmunglobulin
- Ind.: i.m. Gabe an nicht immune, abwehrgeschwächte Personen (v.a. Kinder, Schwangere) nach Exposition (Kontakt mit Personen mit Windpocken/Herpes zoster)

Masern

- Humanes Hyperimmunglobulin
- Ind.: Prophylaxe nach Exposition bei Nicht-Geimpften

Tetanus

- Homologes Hyperimmunserum
- Ind.: nach Verletzungen, wenn keine Impfanamnese besteht
- Da die deutsche Bevölkerung (vor allem junge Männer) zum größten Teil überimmunisiert ist, kann man restriktiv verfahren

Diphtherie

- Zurzeit kein Produkt eines humanen Hyperimmunglobulins auf dem Markt
- Für Notfälle halten manche Landesapothekerkammern Präparate bereit

Botulismus

- Polyvalentes Immunglobulin vom Pferd mit einem Anteil an Antikörpern gegen Botulinustoxin zur Milderung der Intoxikation

Gamma-Globuline

- Ind.: zur Substitution bei Abwehrschwäche, d.h. bei schwerem Antikörpermangel
- Sonstige Ind. sind fraglich (z.B. bei rezidivierenden Infekten als "Ertüchtigungsmaßnahme" oder zur Immunmodulation bei immunologischer Dysregulation, v.a. bei normalen Gamma-Globulinwerten im Serum)
- I.m. Gabe (manche Präparate dürfen auch i.v. verabreicht werden)
- HWZ von IgG = 21d → eine zuverlässige Wirkung hält maximal 4–6 Monate an

4.3.2 Aktive Impfung

Definition

- Gabe von antigenwirksamer Substanz, auf die das Immunsystem reagiert.
- Bei Schädigung des Immunsystems (krankheitsbedingte oder iatrogene Immunsuppression) erfolgt keine zuverlässige Immunantwort.
- Totimpfstoff hat erst nach mindestens 8–10 Tagen eine meist humorale Immunreaktion zur Folge.
- Bei einigen Non-Respondern erbringt das (gesunde) Immunsystem trotz wiederholter Gabe keine ausreichende Antwort (Laborkontrollen).
- Zur Steigerung der Effektivität enthalten einige der Totantigene immunologische Adjuvantien, z.B. die Adsorbatimpfstoffe Aluminiumhydroxid als Träger der Antigene; Haptene (z.B. Polysaccharide) sind an ein Protein als Träger gebunden (sog. Konjugatimpfstoffe).
- Manche Impfstoffe enthalten zusätzlich Konservierungsmittel, die für gelegentliche Nebenreaktionen verantwortlich sein können.
- Beim Herstellungsprozeß können Spuren von Fremdantigenen (Hühnereiweiß, Hefepilzantigene) in den Impfstoff gelangen.
- Oft werden Kombinationen von mehreren Impfstoffen angeboten.
- Lebendimpfstoffe bestehen aus attenuierten (in ihrer Virulenz abgeschwächten) Erregern; wenn sie sich im Wirt vermehren, kommt es nach einiger Zeit (> 9 d) zu einer natürlichen Reaktion des Immunsystems (humorale und zellvermittelte Reaktion); im Prinzip besteht das Risiko einer übermäßigen Vermehrung im Wirt mit manifester Erkrankung; eine gezielte Anamnese ist erforderlich, um Anfälligkeiten zu erkennen (⇒ Ausschluss solcher Personen von der aktiven Impfung).
- Möglichkeit der Interferenz: eine gleichzeitig ablaufende Erkrankung bzw. Infektion kann das Angehen der Impfinfektion behindern; deswegen sollten Lebendimpfungen entweder simultan oder im Abstand von 3–4 Wochen erfolgen

Lebendimpfungen

Masern

- Die Impfviren sind so stark attenuiert, dass sie von einem gesunden Menschen gut vertragen werden
- Die leichte Infektion erzeugt eine lang anhaltende, belastbare Immunität.

Mumps

- Die Impfviren sind so stark attenuiert, daß sie von einem gesunden Menschen gut vertragen werden
- Die leichte Infektion erzeugt eine lang anhaltende, belastbare Immunität.

Röteln

- Die Impfviren sind so stark attenuiert, daß sie von einem gesunden Menschen gut vertragen werden.
- Bei Schwangeren löst die Impfung keine intrauterine Infektion aus.
- Die leichte Infektion erzeugt eine lang anhaltende, belastbare Immunität.

Gelbfieber

- Impfstoff besteht aus attenuierten Viren, die eine Infektion der Leber induzieren
- Bei ca. 10% der Geimpften: Fieber und Abgeschlagenheit („grippaler Infekt").
- Bei Abwehrschwäche (HIV, Kortisontherapie, Organtransplantation, Leukopenie, Tumorkrankheit) und schwerem Leberschaden (Anamnese!) kann die Impfviren-infektion entgleisen.
- Cave Hühnereiweißallergie: Impfstoff wird im Hühnerei gezüchtet und enthält daher Spuren von Hühnereiweiß.
- Immunschutz beginnt 10 Tage nach der Impfung und hält 10 Jahre an.
- Ein Arzt darf die Impfung nur durchführen, wenn er vom Landesministerium die Erlaubnis bekommen hat, einen Stempel der WHO zu führen, der im internationalen Impfausweis die Durchführung der sachgerechten Impfung bestätigt.

Rotaviren

- Orale Lebendimpfung bei Kindern ab der 7. Lebenswoche möglich
- Monovalenter Impfstoff: 2. Impfung frühestens nach 4 Wochen, pentavalenter Impfstoff: 3 x im Abstand von mindestens 4 Wochen
- Mit 2 Jahren sollte die Impfung abgeschlossen sein (www.dakj.de)
- Erwachsene haben meist eine Infektion bereits durchgemacht und sind immun.

Varizella

- Attenuierter Lebendimpfstoff (s.c. Injektion)
- Für Kinder, seronegative Personen mit speziellen Gesundheitsrisiken (z.B. Leukämie Patienten) und deren Angehörige

Tuberkulose

Die BCG-Vakzine wird heute nicht mehr empfohlen.

Typhus

- Orale Lebendimpfung mit attenuierten Typhusbakterien (insgesamt 3 Gaben mit je einem Tag Pause dazwischen).
- Der Geimpfte ist nicht mit Sicherheit vor Typhus geschützt, jedoch gibt es gute Antibiotika zur Therapie dieser Infektion.
- Es besteht ein eher geringes Risiko, dass normale Touristen in Ländern der 3. Welt an Typhus erkranken

Cholera

- Aus der Schweiz kann man einen Impfstoff mit attenuierten Bakterien beziehen.
- Impfbakterien fehlt die Untereinheit A des Choleratoxins, sodass keine schwere Durchfallkrankheit entstehen kann; die Untereinheit B, die für die Bindung an die Zellrezeptoren verantwortlich ist, wird noch gebildet.
- Nach der oralen Einnahme entsteht eine lokale Immunität des Darms gegenüber dem Choleratoxin B $\Rightarrow$ Bindung u. biolog. Wirkung des Gesamttoxins ist nicht mehr möglich.

Poliomyelitis

- Die Schluckimpfung durch lebende, attenuierte Viren wird nicht mehr empfohlen (⇒ Risiko einer impfassoziierten Poliomyelitis: Mutationen, die zur Virulenzminderung geführt haben, sind nicht stabil; es können gefährliche Rückmutationen auftreten; der Geimpfte scheidet die gefährliche Viren in großen Mengen mit dem Kot aus, die durch Schmierinfektionen auf andere Personen übertragen werden können.
- Der Impfstoff besteht heute aus abgetöteten Viren (→ S. 114).

Totimpfungen

Tetanus

- Impfstoff aus formalininaktiviertem Tetanustoxin (= Tetanustoxoid).
- Grundimmunisierung (meist im Kindesalter): 3–4 Injektionen im Abstand von 4 Wochen, dann einem Jahr
- Für die Primärimpfung muß dieser wenig immunogene Impfstoff an Aluminiumhydroxid gekoppelt werden (Adsorbatimpfstoff); dieses immunologische Adjuvans verstärkt die entzündliche Reaktion am Injektionsort und ist für die gelegentliche Nebenreaktion mitverantwortlich
- Auffrischimpfung: alle 10 Jahre; wenn einmal eine Grundimmunisierung dokumentiert wurde, muß später nur 1 Auffrischimpfung erfolgen, auch wenn die letzte Injektion länger als 10 Jahre her ist
- Im Zweifelsfall Überprüfung des Impfstatus durch serologischen Test
- Meistens in Kombination mit anderen Impfstoffen, z.B. Diphtherie und Poliomyelitis

Diphtherie

- Impfstoff aus formalininaktiviertem Diphtherietoxin (= Diphtherietoxoid).
- Grundimmunisierung (meist im Kindesalter): 3–4 Injektionen im Abstand von 4 Wochen, dann einem Jahr.
- Für die Primärimpfung muss dieser wenig immunogene Impfstoff an Aluminiumhydroxid gekoppelt werden (Adsorbatimpfstoff); dieses immunologische Adjuvans verstärkt die entzündliche Reaktion am Injektionsort und ist für die gelegentliche Nebenreaktion mitverantwortlich.
- Auffrischimpfung: alle 10 Jahre; im Erwachsenenalter muss ein „Impfstoff für Erwachsene" verwendet werden, der – wegen evtl. Unverträglichkeit - nur ca. 10% der Dosis vom Kinderimpfstoff enthält; wenn einmal eine Grundimmuni-ierung dokumentiert wurde, muss später nur eine Auffrischimpfung erfolgen, auch wenn die letzte Injektion länger als 10 Jahre her ist
- Im Zweifelsfall Überprüfung des Impfstatus durch serologischen Test.
- Meistens in Kombination mit anderen Impfstoffen, z.B. Tetanus und Poliomyelitis.

Hämophilus influenzae

- Impfstoff: Kapselpolysaccharid, gebunden an Proteinträger
- Impfung im Kindesalter und ggf. bei Splenektomie

Meningokokken
• **Erwachsene:** Impfstoffe, die Kapselpolysaccharid von Meningokokken der Serogruppe A, C, W135 und Y enthalten: - Das Kapselantigen von Meningokokken der Serogruppe B ist nicht immunogen ⇒ kein Impfschutz gegenüber den hier häufigsten Erregern - Da Infektionen fulminant verlaufen können, sollten v.a. junge Leute (< 30 Jahre) bei Reisen in gefährdete Gebiete (v.a. in den sog. Meningitisgürtel: Sahelzone, Nepal, Ecuador) geimpft werden (mit zunehmendem Alter erwerben Menschen eine natürliche Immunität) - Eine Injektion des gut verträglichen Impfstoffs reicht aus und hält über 5 Jahre. • **Kinder:** Konjugatimpfstoff mit Kapselpolysaccharid der Serogruppe C, der zusätzlich an Aluminiumhydroxid adsorbiert ist.
Cholera
• Oraler Impfstoff aus abgetöteten Cholerabakterien und rekombinant hergestellter Untereinheit B des Choleratoxins (löst keine Diarrhoe aus, ist aber immunogen). • Die lokal induzierten Antikörper sollen bei einer Infektion die Adhäsion des nativen Choleratoxins verhindern. • Die Cholera ist bei normalen Touristen sehr selten; Impfung dient v.a. Personen, die sich in Ländern der 3. Welt in sehr schlechten hygienischen Verhältnissen aufhalten.
Typhus
• Neben der oralen Impfung mit attenuierten, lebendenden Typhusbakterien (→ S. 111) steht auch ein Totimpfstoff zur Verfügung. • Das Vi-Kapselantigen von Salmonella enterica typhi wird i.m. oder tief s.c. gespritzt ⇒ Bildung humoraler Antikörper, die jedoch nicht mit Sicherheit protektiv sind (zellvermittelte Immunität wäre erforderlich, die jedoch nicht durch den Totimpfstoff induziert werden kann).
Pneumokokken
• Impfstoff aus gereinigtem Kapselpolysaccharid der Bakterien. • Enthält für Erwachsene 23, für Kinder 7 verschiedene Serovarietäten; in der Natur kommen jedoch ca. 80 verschiedene Serovarietäten vor; die häufigsten in der Bevölkerung vorkommenden Serovarietäten sind allerdings enthalten, sodass ein Impfschutz zumindest gegenüber den wichtigsten Varianten entsteht.
Keuchhusten
• Mischimpfstoff aus mehreren gereinigten gut immunogenen Partialantigenen (früher: partikuläre Impfstoffe, die bakterielles Endotoxin enthalten; werden heute nicht mehr verwendet). • Impfung im Kindesalter; Wirkung lässt nach, sodass bei Erwachsenen die Infektanfälligkeit wieder steigt ⇒ ggf. Auffrischimpfungen im Erwachsenenalter.

Influenza
• Impfstoff aus gereinigten Oberflächenproteinen der Viren (sog. Hämagglutinine), die im Hühnerei gezüchtet wurden. • Zugabe von Adjuvantien, um die Immunreaktion zu steigern. • Bei älteren Menschen werden spezielle Impfpräparationen eingesetzt, um effektive Immunreaktionen hervorzurufen zu können. • Da diese Proteine in den Viren durch Punktmutationen in ihrer Immunogenität ständig durch Antigendrift und Antigenshift verändert werden, muss die Komposition der Bestandteile des Impfstoffs regelmäßig den Epidemiestämmen angepasst werden. • Der Schutz einer i.m. Injektion hält ca. ein Jahr lang.
FSME
• Impfstoff aus kompletten, toten Viren (Anzucht in Hühnerembryofibroblasten) • Grundimmunisierung vor Aufenthalt in Endemiegebieten: mindestens 3 Injektionen innerhalb eines Jahres; Auffrischimpfungen alle 3 Jahre • Bei Kindern Verwendung von Impfstoffen mit reduziertem Antigengehalt.
Poliomyelitis
• Impfstoff aus einer Mischung abgetöteter Viren der 3 Serotypen, die in Zellkulturen angezüchtet wurden. • Grundimmunisierung: 3 Injektionen innerhalb eines Jahres; Auffrischimpfung alle 10 Jahre • Erwachsene sind deutlich anfälliger als Kleinkinder, eine schlaffe Lähmung zu erleiden, speziell wenn sie in Gebiete reisen, wo die Kinderlähmung noch endemisch ist (Indien, Afrika).
Tollwut
• Impfstoffe aus abgetöteten Viren, die entweder im Hühnerei oder in humanen diploiden Zellkulturen gezüchtet wurden. • Beide Impfstoffe sind gut wirksam und gut verträglich. • Primärimmunisierung: mindestens 3 Gaben (Tag 0, 7, 21), 4. Gabe nach ein Jahr.
Japan-B-Enzephalitis
• Impfstoff ist in Deutschland nicht zugelassen, ist aber über die internationale Apotheke erhältlich; bei evtl. Impfschäden haftet also der Arzt in vollem Umfang. • Impfstoff besteht aus abgetöteten Viren, die im Mäusehirn vermehrt wurden; Spuren von Hirngewebe sind noch enthalten ⇒ evtl. Impfkomplikationen durch Kreuzreaktionen; manifestieren sich ggf. erst viele Wochen nach der Mehrfachimpfung. • Die Impfung sollte vor Reisen in Sumpfgebiete Südostasiens erfolgen, wo die Wildviren durch Mücken auf den Menschen übertragen werden (Risiko steigt bei längeren Aufenthalten).
HPV
• Rekombinant in Hefezellen hergestellte Proteine von Papillomviren der Serovare 6, 11, 16 und 18 (besitzen eine hohe Tendenz, ein Uteruskarzinom zu erzeugen). • Sind an Aluminiumhydroxid adsorbiert, um die Immunogenität zu steigern. • Bei Mädchen im Alter von 12-17 Jahren (vor dem 1. Geschlechtsverkehr) und bei jungen Frauen kann die Induktion von humoralen Antikörpern durch 3 Impfdosen vor einer späteren Karzinomentstehung schützen (www.dakj.de).

Hepatitis A
• Impfstoff aus abgetöteten Viren, die in humanen Zellkulturen gezüchtet wurden. • Zur Steigerung der Immunogenität an Aluminiumhydroxid adsorbiert; ein anderes Handelspräparat ist mit anderen Adjuvantien (Phospholipidkorpuskeln, sog. Virosomen) gekoppelt. • Eine i.m. Injektion erzeugt einen Immunschutz, der mindestens 6–12 Monate anhält; dann muss eine zweite Injektion erfolgen, Auffrischimpfung: alle 10 Jahre (oder mehr); in Kombination mit Hepatitis-B-Impfstoff gelten andere Zeitabstände. • V.a. junge Reisende in Länder der 3. Welt sollten geimpft werden; Personen > 60 Jahre sind zu einem sehr hohen Prozentsatz bereits durch eine – meist unerkannte – Infektion in der Kindheit (Nachkriegszeit) lebenslang immun. • Ggf. kann eine serologische Untersuchung den Immunstatus klären. • Für Kinder gibt es spezielle Impfstoffpräparationen.
Hepatitis B
• Rekombinanter Impfstoff, der in einem Hefepilz hergestellt wird; er enthält Teile des Oberflächenproteins der Viren (HB_S-Antigen). • Antikörper, die gegen diese Struktur gerichtet sind, neutralisieren das Virus und verhindern die Bindung an Wirtszellrezeptoren. • Protektive Antikörpermengen entstehen erst nach einer Grundimmunisierung aus 3 Injektionen innerhalb eines Jahres; danach muss je nach Stärke der Immunantwort, die individuell variieren kann, alle 10 Jahre eine Auffrischimpfung erfolgen • Das Ausmaß der Immunreaktion kann serologisch kontrolliert werden. • Gefährdete Personengruppen (Homosexuelle, Prostituierte, Drogenabhängige, medizinisches Personal) sollten unbedingt geimpft werden.

4.4 Liste der Abkürzungen

↓	Abnahme
↑	Zunahme
AG	Atemgeräusch
Amp.	Ampulle
ARDS	Acute Respiratory Distress Syndrome
AUC	Fläche unter Konzentration-Zeit-Kurve
Bakt	Bakterien
BAL	Bronchoalveoläre Lavage
BB	Blutbild
BSE	Bovine spongiforme Enzephalopathie
C.	Candida
Cl.	Clostridium
CMV	Cytomegalie.Virus
d	Tag
d.F.	der Fälle
DA	Dosisanpassung
DALI	Dosisanpassung bei Leberinsuffizienz
DANI	Dosisanpassung bei Niereninsuffizienz
DD	Differenzialdiagnose
E. coli	Escherichia coli
EBV	Ebstein-Barr-Virus
ED	Einzeldosis
EHEC	enterohämorrhagische E. coli
empf.	empfindlich
EPEC	enteropathogene E. coli
Erw.	Erwachsene
ESBL	Extended Spectrum Betalactamase
ETEC	enterotoxische E. coli
FSME	Frühsommermeningo-enzephalitis-Virus
GBS	Guillain-Barré-Syndrom
Gen.	Generation
GFR	Glomeruläre Filtrationsrate
GIT	Gastrointestinaltrakt
h	Stunden
H.p.	Helicobacter pylori
HD	Hämodialyse
Hep.	Hepatitis
HHV	Humanes Herpes-Virus
Hns-N	Harnstoff-N
HSV	Herpes-Simplex-Virus
HUS	Hämolytisch urämisches Syndrom
HWZ	Halbwertszeit
i.B.	im Blut
i.d.R.	in der Regel
i.m.	intramuskulär
i.S.	im Serum
i.U.	im Urin
i.v.	intravenös
IE	Internationale Einheiten
Ind	Indikation
Inf.	Infektion
ini.	initial
Ink	Inkompatibilität
J.	Jahre
KI	Kontraindikation
Ki.	Kinder
klin.	klinisch
KM	Knochenmark

KOF	Körperoberfläche
Lact	Stillzeit
Lsg.	Lösung
M.	Monat/Monate
M.	Mycobacterium
MHK	minimale Hemmkonzentration
Mio.	Millionen
MOF	Multiple-Organ-Failure
MRSA	methicillin-resistenter Staph. Aureus
o.B.	ohne Befund
OTC	Over the counter, apothekenpflichtig
PCR	Polymerase Chain Reaction
PPB	Plasmaproteinbindung
PRC	Pregnancy Risk Category
Pro.	Prophylaxe
Q0	extrarenale Eliminationsfraktion eines Arzneimittels
Reakt.	Reaktion
resist.	resistent
RG	Rasselgeräusche
Rp	Rezeptpflicht
RST	Rhythmusstörungen
RSV	Respiratory Syncytial Virus
s.o.	siehe oben
s.u.	siehe unten
sec	Sekunden
spp.	Spezies
SS	Schwangerschaft
SSRI	Selektive Serotonin-Reuptake-Inhibitoren
Staph.	Staphylococcus
Strg.	Störung
sympt.	symptomarisch
system.	systemisch
SZ	Stillzeit
T.	Trichophyton
Tbc	Tuberkulose
Tbl.	Tablette
TDM	therapeutisches Drug monitoring
TEE	Transösophageale Echokardiographie
Th.	Therapie
u. U.	unter Umständen
US	Untersuchung
UW	unerwünschte Wirkungen
v.a.	vor allem
V.a.	Verdacht auf
VAP	Ventilator associated Pneumonia
VRE	Vancomycin resistente Enterokokken
VSV	Vesikuläres Stomatitis-Virus
VZV	Varizella-Zoster-Virus
W.	Woche
Wdh.	Wiederholung
WI	Wirkung
WM	Wirkmechanismus
Wo.	Wochen
WW	Wechselwirkungen
Y.	Yersinia
Z.n.	Zustand nach
z.T.	zum Teil

Index

A

B

C

D

E

F

G

H

I

J

K

L

M

N

O

Q

R

S

T

U

V

W

X

Y

Z